学前儿童心理与教育 120 问

张明红 著

上海科学普及出版社

图书在版编目(CIP)数据

学前儿童心理与教育120问/张明红著.—上海：上海科学普及出版社，2014.1
　　ISBN 978-7-5427-5853-8

Ⅰ.学… Ⅱ.张… Ⅲ.①学前儿童－儿童心理学－问题解答 Ⅳ.①B844.12-44

中国版本图书馆CIP数据核字(2013)第272979号

责任编辑　郭子安

学前儿童心理与教育120问
张明红　著
上海科学普及出版社出版发行
(上海中山北路832号　邮政编码 200070)
http://www.pspsh.com

各地新华书店经销　上海金顺包装印刷厂印刷
开本 787×1092　1/16　印张 12.5　字数 260 000
2014年1月第2版　　　2014年1月第1次印刷

ISBN 978-7-5427-5853-8　　定价：23.80元
本书如有缺页、错装或坏损等严重质量问题
请向出版社联系调换

内容提要

本书共分六篇：一、心理健康篇；二、智能开发篇；三、营养健康篇；四、社会行为篇；五、亲子教育篇；六、人文艺术篇。以120多个问题的形式，介绍了学前幼儿的身心特点及其活动规律，并据此提出培育的方式和方法，有很强的针对性和可操作性。作者以教育理论为指导，心理科学为依据，用通俗生动的语言来解答问题，阅读本书就好像作者在和您聊家常一样，您会在感受亲切之中学到科学育儿的本领。

幼儿身心发育好不好关键在父母，本书为您和您的孩子准备好了必要的精神食粮，如果我们能有意识、有计划地进行科学的早期教育，那么您就会惊奇地发现，您的孩子正在健康地超常发展。

本书有一个小小的秘密希望您能发现，在书页的角落上有一个小娃娃，他在每一页上的动作都是不一样的，如果您能按一定速度翻看，这娃娃将会怎样……

● 作者简介 ●

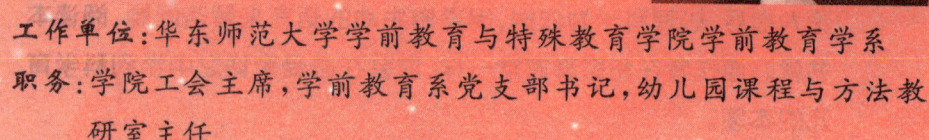

姓名：张明红
性别：女
出生年月：1962年5月
工作单位：华东师范大学学前教育与特殊教育学院学前教育学系
职务：学院工会主席，学前教育系党支部书记，幼儿园课程与方法教研室主任
职称：副教授、硕士生导师
主要研究方向是：学前儿童语言教育、0～3岁儿童发展与教育、学前儿童社会教育等。
社会兼职：中国学前教育研究会幼儿园课程与教学专业委员会委员、国家教育科学规划"十五"课题"0～3岁儿童早期关心与发展"专家组成员。长期担任上海市妇联"亲子学苑"特聘教授和有关早教中心顾问。
主要研究成果：独立编著并出版了《学前儿童语言教育》、《幼儿语言教育》、《学前儿童社会教育》、《给幼儿园教师的101条建议——语言领域》、《3～6岁幼儿心理和优教》等多本著作，主编多套全国和省部级幼儿园教材。多年来陆续在学前教育的核心刊物《学前教育研究》、《幼儿教育》、《早期教育》等杂志上，发表了《关于早期阅读的思索》、《语言教育活动的交叉和融合》、《0～6岁儿童一体化教育模式的研究》等论文30余篇，完成的和正在进行中的科研课题十几项。

序

"玉不琢,不成器"。人是要经过教育才能成"器",成为社会人,成为不仅为社会所认同,而且成为推动社会前进的人。但不是所有的教育都能达到这一目标的,这里有一个教什么,怎么教的问题。也就是说,教育要研究教育科学。现在展现在读者面前的,就是一本幼儿教育科学的研究结晶。它不是一篇教育论文,也不是一部教育巨著,但是,它告诉你,如何有效地解决你在育儿过程中所遇到的问题、烦恼和困惑。

这本书的书名是《学前儿童心理与教育120问》。为什么要限制在学前儿童的教育呢?心理科学的研究告诉我们,人的发展,在3～6岁是接受教育的最佳时期,无论是智力开发还是个性培养,都需要在这个时期打下良好的基础。我国民间有句老话,说是"3岁看大,7岁看老"。这和心理科学的研究,不谋而合。但是,如何有效地对这个年龄阶段的孩子进行教育,这又是一个很难的问题。因为这个阶段孩子,他会有各种各样的需要:生理的、心理的、社会的,等等。但是由于语言和自我意识发展的限制,他又不能准确地表达自己的这些需要,家长当然更不知道该满足他什么样的需要。孩子由于需要得不到满足,就会在情绪和情感上有强烈表现,这时家长除了烦恼外,不知该怎么办。现在好了,这本书就会告诉你,这时候你的孩子需要的是什么,该如何正确地满足他的需要,应该在什么时候满足他的需要,以促进他的发展。这时候,你实际上就在对你的孩子进行科学而有效的教育。所以教育,首先要了解孩子的心理,然后采取适当的措施,达到优教的目的。

前面提到本书不是一篇教育论文,是指它以实用为出发点,有很强的操作性和针对性。读者只要看一看目录就知道,它多半是以如何进行、怎样做为题进行阐述的。这些"如何"、"怎样"又以教育理论为指导,心理科学为依据,用通俗、生动的语言来表述,读者阅读本书就好像作者在和你聊家常一样,你会在感受亲切中学到科学育儿的本领。

本书分为六篇，共120题。这六个部分，几乎涵盖了幼儿教育的各个方面，或者说，满足了培养幼儿个性全面发展的要求。就以本书第六篇"人文艺术"来说，这一部分，不是告诉你如何培养一个音乐家、舞蹈家或画家，而是如何以艺术为手段，培养幼儿高尚的道德情操、美的情趣，如何用艺术来开发幼儿的智力。一句话，就是用艺术来促进幼儿个性的全面发展。因此，本书这六个方面，构成培养21世纪新人的有机整体。

本书是集体创作的。参加写作的，都是从事幼儿教育几十年的专家，这本书就是她们几十年教育、科研和指导幼教工作的实践和理论的总结。本文一开头说的这本书是幼儿教育科学的研究结晶，就是这个意思。所以相信本书会成为年轻父母在育儿过程中的良师益友，幼儿园的老师以及幼儿师范学校的学生，也可以把它作为一本有用的参考书。

上海师范大学教育科学研究院教授　洪德厚

作 者 的 话

——父母只有了解孩子的心理才能教育和养育好孩子

谁家没有孩子,哪个父母不希望孩子成材?谁没有父母,哪个父母不想成为开明民主的父母?但你了解你的孩子吗?你知道如何教育你的孩子吗?我曾经在全国20多个省市、自治区做过几百场幼儿家庭教育讲座,每次讲座完都会被家长团团围住,问东问西,久久不愿离去。他们求知若渴,还有许多的困惑,纷纷咨询请教,有的因不了解孩子身心发展的特点而陷入困境,有的因教子无方而迷茫,有的因教子不当而苦恼,感叹求教无门。作为幼教工作者,我非常理解他们,深感责任重大,因此,我利用平常搜集到的幼儿家庭教育中常见的问题,编写了这本《学前儿童心理与教育120问》,期望以此能给家长提供一些理论和实践的帮助。事实上,许多问题已不仅仅局限于3~6岁,而是涵盖整个0~6岁学前期,甚至对儿童后续的发展都有深远的影响。这本书的突出特点是科学性、系统性、实用性和可操作性强,一定会成为家庭教育的好帮手。

今天的儿童将是21世纪的主人,国家、民族的未来,希望寄托在他们身上。世界政治、经济、科技、文化的竞争,说到底是人才的竞争,而人才的竞争本质上是教育的竞争。培养和教育什么样的人,既决定着我们民族的命运,也决定着每个人的命运。新一代的健康成长,离不开良好的家庭教育。许多成功者的背后,都会有位家教成功的父母。这本书是从幼儿的心理健康、智能开发、营养健康、社会行为、亲子教育、人文艺术等六个方面论述家庭教育的功能,力求让家长在亲子情感的基础上,教子充满理性、充满智慧、充满信心,并掌握科学的教育方法,使现代科学的育儿理念和育儿方法走进千家万户。愿天下父母都成为成功的父母,愿每个孩子都成为快乐、健康的孩子。

本书由张明红著,黄园婷、李佳佳、李林霞、李艳、余舒等同志也参与了部分篇目的编写工作。本书在编写过程中承蒙上海师范大学洪德厚教授指导并作序,本书插图由华东师范大学沈璐老师所绘。特此致以衷心的感谢。洪教授和沈璐老师为祖国教育事业倾尽心血,谨以此新书告慰两位老师的英灵。本书在编写过程中,参阅了国内外同行的一些研究成果,得到了许多同志的支持与帮助,在此一并表示诚挚的敬意和谢意。

本书编写仓促,错误在所难免,欢迎提出宝贵意见。

张明红

于华东师范大学田家炳教育书院

第一篇　心理健康篇 ……………………………………………… 1

1. 幼儿不是"小大人" ……………………………………… 3
   ——谈3～6岁幼儿的心理特点
2. 智力测验不能随便做 …………………………………… 4
   ——谈智力测验的利与弊
3. 幼儿会有心理障碍吗 …………………………………… 6
   ——重视幼儿的心理健康教育
4. 莫对幼儿的心灵施暴 …………………………………… 7
   ——谈情感教育的重要性
5. 多多拥抱和抚摸孩子 …………………………………… 8
   ——父母的关爱不可缺少
6. 让孩子勇于"领先一步" ………………………………… 9
   ——谈幼儿良好竞争意识的培养
7. 自信是成功的第一步 …………………………………… 11
   ——如何培养幼儿的自信心
8. 孩子没主见,家长怎么办 ……………………………… 12
   ——谈谈幼儿果断性格的培养
9. 改变"小霸王" …………………………………………… 13
   ——如何培养幼儿的自制力
10. 为孩子展翅高飞早做准备 …………………………… 14
    ——培养幼儿的独立性
11. 怎样让孩子"自作主张" ……………………………… 15
    ——幼儿自主性的培养
12. 我家有个"三分钟热度"的孩子 ……………………… 17
    ——如何培养孩子的坚持性
13. 让孩子从小学着负责任 ……………………………… 18
    ——责任心培养从早期抓起
14. 游戏是可有可无吗 …………………………………… 20
    ——游戏是幼儿成长的精神食粮

15. 孩子长大就不"胆小"了吗 ··· 22
　　——重视幼儿"社交"中胆小退缩
16. 让羞怯的孩子活泼起来 ··· 23
　　——培养幼儿具有活泼开朗的性格
17. 一个孩子一个样 ·· 25
　　——接纳幼儿的气质差异
18. 改变孩子"人来疯" ·· 26
　　——按性格因人施教
19. 常把想象当现实 ·· 27
　　——谈幼儿的"说谎"行为
20. "左撇子"要纠正吗 ·· 29
　　——正确对待幼儿的"左利手"
21. 宝宝为啥不听话 ·· 30
　　——幼儿"第一反抗期"的行为表现
22. 让孩子听话的艺术 ··· 31
　　——对待幼儿第一"反抗"行为的策略
23. 不要和孩子"犟"到底 ··· 32
　　——对付幼儿任性有良策
24. 如何对待孩子的残忍行为 ·· 34
　　——不要忽视幼儿期的一些"反社会行为"
25. 爱弄坏物品的孩子 ··· 35
　　——幼儿的破坏性行为
26. "不给我玩具,我就抢!" ·· 36
　　——如何对待幼儿攻击性行为
27. "大灰狼来了!" ·· 38
　　——如何帮助幼儿克服恐惧
28. "死"可怕不可怕 ··· 39
　　——对幼儿正确进行"死亡"教育
29. "妈妈,我是怎么生出来的?" ·· 41
　　——如何同幼儿谈论"性"
30. "娘娘腔"和"假小子" ··· 42
　　——谈幼儿的性别倒错
31. 孩子为何总是烦躁不安、心绪不宁 ································· 43
　　——不要忽视幼儿的焦虑症
32. 动个不停、不安分的孩子 ·· 45
　　——儿童多动症及其矫正

33. 活在自我世界里的孩子 ………………………………………… 46
    ——自闭症儿童的教育和训练
34. "感觉统合失调"是怎么一回事 ………………………………… 48
    ——儿童感觉统合失调及其治疗

第二篇　智能开发篇 ……………………………………………… 51

35. 关于智能知多少 ………………………………………………… 53
    ——智能影响因素简介
36. 也谈智能培育的"内"与"外" ………………………………… 54
    ——智能培养的内容及家庭影响因素简介
37. 运动与智能的发展 ……………………………………………… 55
    ——浅谈运动对智能发展的促进作用
38. 你看,你看,月亮的脸偷偷地在改变 ………………………… 56
    ——幼儿观察力的培养方案
39. 别忽略了间接观察的重要性 …………………………………… 58
    ——现代科技在幼儿观察中的运用
40. 孩子智能发展的有价值资料 …………………………………… 59
    ——帮助幼儿做好观察记录
41. 帮您打造一个侃侃而谈的孩子 ………………………………… 60
    ——幼儿语言培养的环境创设
42. 当孩子出现语言问题时,你怎么办? ………………………… 62
    ——一些实用语言教育策略的简介
43. 口齿清楚是表达的关键 ………………………………………… 63
    ——怎样使幼儿发音准确与清晰
44. 让孩子在图书里汲取精神营养 ………………………………… 65
    ——早期阅读的重要性
45. 让孩子快快乐乐学数学 ………………………………………… 66
    ——谈幼儿数学学习的指导原则
46. 帮助孩子初步建立数序概念 …………………………………… 67
    ——幼儿数序的学习方案
47. 序数的学习 ……………………………………………………… 68
    ——序数的练习方法
48. 10以内轻松算 …………………………………………………… 69
    ——指导孩子试学10以内的加减法
49. 让孩子生活在数学王国里 ……………………………………… 70
    ——对幼儿进行数学启蒙教育
50. 结合生活学习运算 ……………………………………………… 72
    ——怎样辅导幼儿进行加减运算

51. 循序渐进培养幼儿的思维能力 ………………………… 75
　　——思维能力培养的三部曲
52. 培养幼儿的创新思维 ……………………………………… 76
　　——幼儿创新思维的表现及培养
53. 走近情绪智能 ……………………………………………… 78
　　——情绪智能的含义及意义
54. 情绪智力,你不得不关注的重要领域 …………………… 79
　　——如何培养幼儿的情绪智力
55. 如何培养幼儿的创造力 …………………………………… 81
　　——幼儿创造力培养的一些建议
56. 创造的误区 ………………………………………………… 83
　　——幼儿创造力培养存在的误区

第三篇　营养健康篇 ……………………………………… 85

57. 婴幼儿不会视力低下吗? ………………………………… 87
　　——婴幼儿视力保护的重要性
58. 为什么幼儿也会视力低下 ………………………………… 88
　　——幼儿视力低下的原因及早期发现
59. 培养幼儿好视力 …………………………………………… 89
　　——保护幼儿视力的方法
60. 生活卫生习惯从小处入手 ………………………………… 90
　　——培养幼儿良好的生活卫生习惯
61. "求人先求己" ……………………………………………… 91
　　——培养孩子的自我保护能力
62. 学游泳去 …………………………………………………… 92
　　——幼儿游泳好处多
63. 意外下的镇定 ……………………………………………… 93
　　——幼儿意外情况下父母的做法
64. 乳牙坏了用不用补 ………………………………………… 95
　　——保护乳牙的原因及方法
65. "胖胖"不胖了 ……………………………………………… 96
　　——谈肥胖儿童的矫治
66. 孩子,你在成长 …………………………………………… 97
　　——孩子生长痛的原因及缓解办法
67. 孩子今天自己睡 …………………………………………… 99
　　——让幼儿学会独自睡觉
68. 孩子入睡难怎么办 ………………………………………… 100
　　——不良睡眠习惯的矫正

69. 别在床上"画地图" ··· 101
　　——孩子遗尿的原因及解决办法
70. 不挑食不厌食 ··· 102
　　——培养幼儿良好的饮食习惯
71. 不要轻易说孩子患了多动症 ······················· 103
　　——谈儿童多动症的分辨
72. 吃零食也能补充营养吗 ······························· 105
　　——幼儿吃零食弊大于利
73. 冷敷还是热敷 ··· 106
　　——怎么使用敷的方式帮助孩子减轻病状
74. 是药三分毒 ··· 107
　　——家庭幼儿用药误区

第四篇　社会行为篇 ··· 109

75. 养成善习　受益终生 ··································· 111
　　——幼儿期良好行为习惯的培养
76. 不可忽视的礼仪教育 ··································· 112
　　——早期礼仪教育的重要性
77. 让幼儿具备一些礼仪常识 ··························· 113
　　——早期礼仪教育的内容
78. 幼儿争夺玩具的启示 ··································· 114
　　——怎样提高幼儿的交往能力
79. 和小区里的孩子一起玩 ······························· 115
　　——混龄游戏好处多
80. "电脑儿童"不善交际 ································· 117
　　——幼儿期学电脑应注意的问题
81. 把餐桌当成课堂 ··· 118
　　——在进餐时对幼儿进行随机教育
82. 如何当小主人、小客人 ······························· 120
　　——儿童请客、做客的礼仪
83. 过一个有意义的生日 ··································· 121
　　——如何为幼儿过生日
84. 为什么孩子总是"自我中心" ····················· 122
　　——幼儿"自我中心"现象的透析
85. 孩子闯祸以后 ··· 124
　　——父母应正确对待闯祸的幼儿
86. 面对孩子的"窝里横" ······························· 125
　　——幼儿对环境适应的心理分析

87. 不能打人 …………………………………………………… 126
　　——如何处理幼儿的攻击性行为
88. 不能骂人 …………………………………………………… 127
　　——帮助幼儿克服说脏话的坏毛病
89. 缠人的孩子 ………………………………………………… 128
　　——如何面对纠缠不清的幼儿
90. 尽量减轻父母离异对孩子的伤害 ………………………… 130
　　——离异父母如何正确对待自己的孩子

第五篇　亲子教育篇 …………………………………………… 133
91. 重视人生的第一课堂 ……………………………………… 135
　　——早期家庭教育的作用
92. 当好孩子的启蒙老师 ……………………………………… 137
　　——父母是孩子天生的教师
93. 父母永远是孩子的"榜样" ………………………………… 138
　　——父母以身作则至关重要
94. 不能一个唱红脸,一个唱白脸 …………………………… 140
　　——家庭教育应当保持一致
95. 家庭永远是孩子的课堂 …………………………………… 141
　　——为幼儿创设良好的家庭教育环境
96. "类单亲家庭"的负面影响 ………………………………… 143
　　——如何克服"类单亲"的家庭气氛
97. 给孩子多一份尊重 ………………………………………… 144
　　——幼儿需要父母的理解与尊重
98. 无以规矩　不成方圆 ……………………………………… 146
　　——谈家规教育
99. 如何为孩子买书 …………………………………………… 147
　　——给幼儿购买书籍的学问
100. 给孩子订一份杂志 ………………………………………… 149
　　——幼儿阅读书刊杂志好处多
101. 怎样奖励孩子 ……………………………………………… 151
　　——要正确运用表扬与奖励
102. 惩罚与批评的艺术 ………………………………………… 153
　　——正确运用惩罚手段
103. 父母不应越俎代庖 ………………………………………… 154
　　——幼儿生活自理能力的培养不能忽视
104. "饭来张口,衣来伸手"后患无穷 ………………………… 156
　　——让幼儿也承担一些家务劳动

105. 不应吓唬孩子 ………………………………………………… 157
　　——克服幼儿的恐惧心理
106. 不满足孩子的要求就闹怎么办 ……………………………… 158
　　——如何对待幼儿的任性
107. 当幼儿拆坏玩具之后 ………………………………………… 160
　　——正确对待幼儿乱拆玩具的行为
108. 开展家庭亲子游戏好处多 …………………………………… 161
　　——家庭亲子游戏的作用
109. 不要溺爱独生子女 …………………………………………… 162
　　——怎样对待独生子女的问题
110. 在"做"中学 ………………………………………………… 164
　　——让幼儿用灵巧的双手变废为宝
111. 让孩子亲近大自然 …………………………………………… 167
　　——家庭中自然环境教育

第六篇　人文艺术篇 ……………………………………………… 169
112. 让孩子尽情地表演 …………………………………………… 171
　　——谈儿童戏剧及其对孩子成长的促进作用
113. 音乐的妙用 …………………………………………………… 172
　　——让幼儿从小接受音乐的熏陶
114. 让孩子自由地画吧 …………………………………………… 173
　　——从儿童画看儿童心理及儿童的发展
115. 弹琴、画画越早越好吗 ……………………………………… 175
　　——谈幼儿的艺术早期定向培养
116. 玩泥乐陶陶 …………………………………………………… 177
　　——泥土为幼儿带来的芬芳
117. 幼儿不宜唱成人歌曲 ………………………………………… 178
　　——为幼儿选择适合的音乐
118. 从小爱画画 …………………………………………………… 180
　　——培养幼儿对美术的兴趣
119. 怎样教幼儿绘画 ……………………………………………… 181
　　——幼儿学习绘画的方法
120. 手舞足蹈乐陶陶 ……………………………………………… 183
　　——舞蹈在幼儿成长中的重要作用

第一篇　心理健康篇

1. 幼儿不是"小大人"

——谈3~6岁幼儿的心理特点

在日常生活中,大家都习惯地称成人为"大人",幼儿为"小朋友"。一"大"一"小"形象地勾勒出了成人与幼儿外在的、体貌上的不同,但这并不意味着幼儿就是"小大人",两者心理上的差异是巨大的。只有了解了这一点,才能更好地对幼儿进行教育。那么,3~6岁幼儿的心理究竟有哪些突出的特点呢?

第一,活泼好动。

活泼好动是孩子的天性,这一点在幼儿时期尤为明显。因为在婴儿阶段,孩子的各种基本动作(如走、跑、跳、钻、跨、攀登等)还不灵活协调,没有足够的生理基础来表现活泼好动;而小学生自我抑制的能力相对比较强,能对自己的行为加以约束。幼儿期的孩子则不然,他们正处于活动能力提高、精力旺盛却又不善于约束自己的时期,所以显得特别活泼好动。如果为幼儿安排户外的自由活动多一点,他会十分快乐,始终精神饱满;反之,如果总是让他呆在室内,一直进行某项安静的活动,那他反而很快就会疲劳、烦躁不安,甚至吵闹不休。让幼儿安静是需要神经系统抑制的,这样做违背了幼儿好动的特点。这不仅不是让幼儿放松和休息,反而让幼儿处在一种紧张的状态。因此,家长应当让幼儿交替进行动静活动,使幼儿大脑皮层不同部位的神经细胞在兴奋与抑制之间相互切换,这样,幼儿在不同的活动中就不会感到疲劳。

第二,无意注意占优势。

幼儿的好动还和他们的认识活动的特点有关。幼儿仍以无意注意为主,幼儿的注意是随意的、无目的性的;幼儿注意往往不能长时间集中,经常要转换且易受无关因素干扰,所以让幼儿从事某项活动时,持续时间不能太长,否则幼儿无法对活动集中注意力,容易转移注意力。幼儿期注意范围小,不能同时注意两个及以上的活动。在让幼儿进行活动时,不能一味追求丰富,追求保持较长的时间也要考虑幼儿注意力的特点。

第三,好奇好问。

幼儿的知识经验少,对任何事物都好奇,想看、想听、想摸、想问,充满了探究。俗话说:"少见多怪",就是这个道理。

幼儿的好奇心强还表现在幼儿的好问上。他们对自己不了解或不明白的事常常要"打破砂锅问(纹)到底"。令家长招架不及,难以回答。幼儿期的好问,还因为他们有与人们交际交往的需要,他们喜欢提问恰恰反映了他们强烈的交际需要,他们把提问作为和成人进行交际、交往的一种手段。

第四,思维具体形象。

幼儿的思维具有具体形象性的特点,他们思维的内容也是具体的。幼儿能够掌握具体形象的概念,而对抽象概念比较难掌握。同样,幼儿抽象和概括性的水平比较低。在让幼儿理解事物的时候,要多用具体形象的方式展示给他们,便于幼儿理解。

第五,模仿性强。

模仿是幼儿重要的学习方式之一,他们常常会自觉不自觉地模仿周围的人、事、物。比如他们会模仿父母的表情、动作、说话、做事的方式等等,他们还喜欢模仿电视、网络、广播、书刊上人物的行为。有很多成人都忽略的细节也往往成为了幼儿模仿的对象,因此榜样对于幼儿的作用是巨大的,成人规范的行为、电视网络节目的正确选择都对幼儿的发展起着重要的作用。

幼儿的心理特点具有多个方面,通过以上几个比较突出的心理特点可知,作为父母,不应让幼儿长时间从事单调、安静的活动;对幼儿的提问要耐心、热情地予以解答;在教育孩子时,要注意将抽象的概念和道理化为具体、生动和形象的东西,便于幼儿理解和接受;成人在幼儿面前要以身作则、严于律己,为孩子树立好的榜样,让他们多模仿文明的语言和良好的行为;组织幼儿开展活动时应尽量结合幼儿的兴趣等等。

总之,幼儿绝不是成人的缩小,只有了解幼儿的心理发展特点,针对这些年龄特点有的放矢地进行教育,才能使教育卓有成效。

2. 智力测验不能随便做

—— 谈智力测验的利与弊

在幼儿园中,往往会有一些孩子学习有困难,还有一些孩子超出了同龄幼儿的发展水平,这个时候很多家长或老师就会想到带他们去做智商测试,可是给孩子做智力测验一定要三思而后行。因为一旦给发展滞后的孩子开了弱智证明,就等于给孩子贴上了标签,会大大挫伤孩子的自尊心,影响孩子的发展。给"天才儿童"贴上"超常"的标签,也可能会让他们产生骄傲的情感和惰性,反而不利于发展。所以,不能轻率地把学业成绩的好坏和智商高低简单地等同起来。智力测验只是一个工具和一个手段,而不是目的。应该客观地看待智力测验的利与弊。

首先谈谈智力测验有利的一面。

第一,科学、正规的测验和专业的测验员可以保证智力测验的质量。用一个编制很科学并由受过正规训练的测验员操作的智力测验,去测量儿童那些比较稳定的、多方面的智力,一般说是可靠的。

第二,长期性的追踪测验可以准确地描绘儿童的智力变化以及在发展过程中所表现出来的长处和缺陷。对于智力落后儿童来说,可以通过智力测验找出他的能力所在和弱点所在,并据此编制一套合适的训练大纲,缓解或改善幼儿智力落后状况。

第三,在环境变化不是很大的情况下,对5至6岁以上幼儿所作的智力测验结果具有一定的稳定性,确实可以显示和预测他未来认知方面的一些情况。

下面再谈谈智力测验不利的一面。

第一,如上所述,如果使用不当,往往会给孩子贴上标签,这个标签将跟随他终生。有些孩子只是轻度的落后,可是智力测试的标签就会一直跟着他,破坏他的自信、自尊和上进心。

第二,人的智能是多方面的,因此使用那种只给出单一智商值的智力测验就不是很恰当。单一的智商值不能代表一个人其他方面的能力,尤其是智力落后的儿童,他们往往在一个领域(如语言、思维等)的能力较落后,但在另一个领域(如精细动作)的能力又很正常,所以不能仅用一方面的能力来看待儿童。

第三,智力测验有很大的文化差异,另外有些智力测验还不够完善,还需要进一步修订。

第四,有许多因素会影响智力测验的结果。如健康状况、环境影响、精神状况等,尤其是对智力落后儿童进行测验,影响因素就更多了,如指导语等,都会影响孩子的测验结果。

第五,智力测验阻碍了不同智商儿童的融合教育。很多家长对智力落后的孩子存在偏见,怕自己的孩子会受到他们的影响,一些学校也会因种种原因拒绝对智力落后的儿童进行教育,这些都导致了正常儿童与智力落后儿童的分离。

最后,家长需要特别注意的是,千万不能从市场随意买回智力测验量表给自己的孩子测评,智力测验必须由科学的问卷和专业的人员组成,否则容易造成误诊并可能会影响孩子终身的发展。我们教育孩子的目标是让孩子全面发展,尽可能地展现出他自身的全部潜能,而不是去同谁比高低。

3. 幼儿会有心理障碍吗

—— 重视幼儿的心理健康教育

一天明明在玩娃娃家,洋娃娃"生病"了,明明去给娃娃找药,结果不小心摔倒了,打翻了医药盒。妈妈看到以后生气地责备他:"你是怎么回事啊?这么不小心,把药撒得一地都是!谁让你拿药了,给你说过多少遍,小孩子不能乱动药!"明明看着妈妈生气的脸,不知所措。明明摔破了腿,妈妈却一点也不关心,只是指责明明打翻了药。这时孩子的心里多伤心,多受打击啊!

幼儿期是心理发展最为迅速的时期,对孩子一生的成长和发展至关重要。家长应当重视孩子的心理健康教育,使孩子身心都得到健康、全面的发展。所以,为了孩子的心理健康,家长应该做好以下两方面的工作:

第一,重视幼儿的心理健康教育。

(1)学习科学的知识。

家长应当多掌握关于幼儿心理发展特点的知识,学会用科学的眼光看待孩子,对幼儿出现的一些行为能够用正确的心理知识进行分析,恰当处理。

(2)重视幼儿心理发展。

幼儿的心理发展与幼儿的身体、智力发展同样重要,应当像关心幼儿智力发展和身体健康那样关注孩子的心理健康,有意识地对孩子进行心理健康教育。比如让胆小害羞的孩子多接触大自然并多为他创造一些表现自己的机会,给予他们适当的赞赏和鼓励,使他们的心理水平向着积极的方向发展。

(3)创设适宜的环境。

家长要为幼儿创设适合于他们年龄特点的环境,从而促进幼儿的健康发展。比如多给孩子讲故事,与孩子一起阅读,让孩子欣赏优美的音乐,如欢快的儿童歌曲,多带孩子去接触和感受大自然,让幼儿在良好的环境下得到熏陶,而不是总让孩子看电视,接触过多不适合他们的流行音乐。另外,还要为他们提供自由活动和游戏的场所,以及有吸引力的、美的、实用的用具和玩具,让孩子在自己的天地里,独立、自由地活动和游戏,使他们的智力得到开发,身心得到发展。

第二,注重家长自身的心理健康。

家长不良的心理状况,往往会引发对幼儿教育方法的失当。有的家长神情沮丧时,对孩子态度生硬、漠不关心;反之,当情绪愉快时,就无原则地迁就容忍。这些家长管教孩子的方式仅凭一时喜恶,心情不好时孩子做错了小事也严厉惩罚,心情好时闹翻了天也没事。奖惩的标准不是孩子的表现,而是父母的情绪。在这种家庭背景下长大的儿童,往往会产生种种心理不健康的问题,如在日后学习上较易有认知困难,容易产生"攻击"行为,缺乏同情心、人缘较差、较易沮丧。所以为了孩子的健康成长,家长应特别注意幼儿心理健康,而提高自我修养则是充分必要条件。

4. 莫对幼儿的心灵施暴

——谈情感教育的重要性

对幼儿的虐待不仅仅局限于身体上残害,对幼儿的心灵施暴同样是虐待,这种情感虐待虽然外表上看不出痕迹,但却无法统计多少孩子由此受到了多深刻的伤害。生活中,许多父母忽视了对幼儿的情感教育,也很少去想它对幼儿产生的深远影响,这些做法的表现形式是多种多样的,归纳起来,可分为以下四种类型:

一是支配型。这类父母往往不考虑孩子的需要,总是把自己的好恶、需要强加给幼儿,强迫幼儿按父母的意志行事,样样必须听从父母的指示,不许越雷池半步,甚至连孩子愤怒、反抗的权利都予以剥夺。在这种环境下长大的孩子,往往胆小怕事,遇事退缩,缺少独立性,很难适应复杂的社会生活。

二是冷漠型。一些父母很少对孩子表达自己的爱,很少拥抱、抚摸、亲吻孩子。对哭闹的孩子不予理睬,对孩子出现的负面情绪置若罔闻,甚至对孩子取得的进步也毫无反馈。这类父母很少帮助自己的孩子并给予孩子所需要的指导及情感支撑。这样的孩子长大后,往往对周围事物漠不关心,对人缺乏同情心。

三是贬低型。这类家长常常贬低自己的孩子,总是觉得自己的孩子能力有欠缺,并拿孩子和他人做比较,有的甚至还会用"蠢猪"这种话来辱骂孩子,严重地打击了孩子的自尊心。这样的孩子长大后,往往易产生自卑心理、缺乏自信心、遇事无主见。

四是抹煞型。如果说第三种类型的父母是"恨铁不成钢",那么这类家长就是"望子成龙"了。这些父母对孩子期望值过高,要求过严。这类父母很少对孩子取得的成绩感到满意,并且在孩子出现失误时,不是帮助他们找出失败的原因及努力方向,帮助他们克服困难,而是抹煞过去的一切,给孩子受伤的心灵"雪上加霜"。这样的孩子长大后,当遇到困难或遭受失败时往往寻找理由为自己开脱责任。

心灵施暴行为往往是"旁观者清,当局者迷"。许多人可以看出别人的不当行为,却对自己的"暴行"执迷不悟。因此,要避免伤害孩子,做一个好父母,经常可以从以下几个方面提醒自己:

(1) 我是否经常对孩子发脾气?

(2) 我是否经常迁怒于孩子?

（3）我是否经常把自己的孩子看成不如别人的孩子？
（4）当别人赞扬我孩子时，我是否会表现出漠不关心？
（5）我是否经常为自己的孩子感到惭愧？

如果你的答案是肯定的，那你就要反省并改正你的"施暴行为"了。父母要不断加强自己的个性修养，给予孩子全面而正确的爱、关心、理解和尊重。当一位家长的态度不恰当时，其他家庭成员可安慰孩子，给予他情绪上的抚慰。对孩子说"人人都会有弱点"，"这次做错了，只要努力，下次还会有机会"。当父母一方对施暴方的态度表示异议时，除了可能使施暴方对孩子的施暴行为有所收敛外，至少孩子会因此明白，并非所有的大人都跟施暴方持同一态度，这样可以大大减少情感虐待对他的心理伤害，较安全地度过情感受到虐待的痛楚期。

英国作家毛姆曾说过"自尊心是一种美德，是使一个人不断向上发展的一种原动力"。情感虐待会给孩子造成如此严重的伤害，其关键就在于它会给孩子的自尊心造成沉重的打击。因此，愿人们像珍惜和保护自己的自尊心一样，珍惜和保护好孩子的自尊心。

5. 多多拥抱和抚摸孩子

—— 父母的关爱不可缺少

有些家长会产生这样的疑惑："为什么孩子和我不亲近？"其实除了上文所提到的冷漠型父母很少与孩子有肢体上的亲密接触外，很多父母都还没有意识到拥抱和爱抚对孩子的特殊意义。更有一些传统育儿经验认为"孩子不能多抱、多亲，否则就被宠坏，不乖不听话"。因此，有的父母会故意忽略孩子拥抱的要求。渐渐地，孩子和父母产生生疏感，不愿意和父母亲近。其实，拥抱是妈妈释放对孩子的爱的一种方式，能够让孩子得到精神上的慰藉。对于幼儿良好、健康的心理发展有重要意义。

首先，拥抱能够让幼儿满足多方面的精神需求。

（1）满足精神和爱的需求。

国外进行过相关的隔离试验，观察与世隔绝的人会产生什么反应。结果证明，被隔离的人将逐渐产生精神不安，最后出现异常状态。还有科学研究证明，孤儿院的孩子尽管有足够的食物和玩具，但这些孩子仍然比普通家庭的孩子发育慢，体质差，原因就是因为缺乏母爱，或者说是缺乏与母亲肌肤接触的机会。因此，有人说婴幼儿健康成长中不可缺少"母爱维生素"。为了解决这个问题，必须给孩子补充足够的精神营养。

（2）满足幼儿集体欲的需求。

任何人都害怕孤独、寂寞,不愿脱离人群,这种渴望与人接触的欲望被称为集体欲。满足集体欲的主要方式就是皮肤接触,拥抱、亲吻等可以在孩子和母亲之间搭起一座爱的桥梁。孩子从小就渴望有人抱,愿意吸吮母亲的乳汁,喜欢看母亲的脸,听母亲的声音,这都是他们渴求满足集体欲的表现。这种欲望是一种本能。一般家庭为了满足婴幼儿集体欲的需求,父母亲应该在繁忙的工作之余,经常让孩子坐在自己的腿上或依偎在自己的怀抱里,抚摸孩子的身体,和他亲切地交谈,或者给孩子洗澡、洗头,拉着他的手一起玩耍等。这些行为往往都可以通过皮肤接触来满足孩子的集体欲。

孩子集体欲的满足,有助于身心健康,否则就容易出现异常状态、精神不稳定、产生不安全感等。由此可见,经常与孩子进行皮肤接触是多么重要。当然,有些父母过度溺爱孩子,总把孩子抱在手上,不让其独立自主地活动也是有害的,它往往会使孩子过度依赖父母,影响孩子的独立发展。

其次,拥抱能对幼儿的性格产生影响。

加拿大麦克尔大学的迈克尔·明尼及同事说,实验研究表明,从母鼠身上得到更多"关怀"的鼠仔长大后不紧张、不害怕压力,而且大脑中激素水平也明显稳定。老鼠亦然,人更是如此。"儿时多拥抱,长大更冷静",这句话充分说明了拥抱等皮肤接触对幼儿性格发展的影响。婴幼儿时期得到父母较多的拥抱、爱抚的孩子,长大之后性格会更加沉着冷静,会调节自己的情绪,这其中的奥秘就是这些亲密的肢体接触带给孩子爱的感受,潜移默化地滋润着孩子的心灵,使孩子产生不同水平的压力激素,帮助他们更好地面对压力和困难,更有自信。

6. 让孩子勇于"领先一步"

——谈幼儿良好竞争意识的培养

随着社会的不断发展,人们之间的竞争日益激烈,在这种社会氛围下,家长们开始关注到幼儿的开拓精神以及竞争意识的培养。让幼儿具有勇于"领先一步"的竞争意识,从小培养孩子良好的竞争意识,对孩子参与社会活动与小朋友交流能起到积极地作用。

"竞争"第一步:了解幼儿,适时适量。

要培养幼儿的竞争意识,父母首先要了解孩子的性格特点和年龄发展特点。幼儿的身体、心理都处在迅速发展的阶段,很多方面还尚未成熟,高级神经活动的兴奋性强于抑制性,因此过多、过强的刺激会使儿童很难调节自己,让自己安静。父母在故意为儿童安排具有竞争性的活动时要考虑到儿童这方面的特点,适时适量地开展

活动,能保证幼儿身心健康发展。

"竞争"第二步:坚持原则,保证公平。

在幼儿竞争时,成人往往扮演"仲裁者"的角色,而要让幼儿保持竞争的热情和积极性,仲裁者就必须在竞争中坚持"公平竞争"的原则。成人在评价时不能对幼儿抱有成见,要避免"光环效应"的不良影响。所谓"光环效应"是指成人对某一幼儿有明显偏爱,在评价时总是自觉不自觉地偏向他,从而打击了真正的获胜幼儿,同时也不利于受偏袒幼儿身心的健康成长。在家里做游戏时,也不能总是故意让幼儿获胜,或孩子明明输了,也故意说他赢了,这不仅不能调动幼儿竞争的积极性,反而还会影响幼儿健康的竞争心态和良好的竞争行为。

"竞争"第三步:积极鼓励,多加奖励。

幼儿大多都喜欢争强好胜,喜欢得到别人的夸奖与鼓励,喜欢夸耀,这其中就带有一定的竞争性。对于小年龄的孩子来说,想要获得奖励往往更是其竞争的直接动因。竞争以后有奖励的活动,往往会使孩子表现得异常活跃。比如幼儿园会给小朋友奖励糖果、小红花,还有排行榜等,这些都是刺激、鼓励幼儿竞争的一种奖励机制。获得奖励的幼儿也能从中得到自信,更积极地投入竞争,形成良性循环。奖励幼儿的形式是多种多样的,除了上面提到的给一些小奖品以外,还可以让幼儿优先享受某种权利,如优先玩新玩具,优先挑选自己喜爱吃的食物或物品、图书等。

"竞争"第四步:鼓励失败,摆正心态。

成人应该正确对待孩子在竞争中的心态,并且让孩子学会正视失败。父母亲应该经常给独生子女创设一些与同龄伙伴交往与竞争的机会,有交往必会产生竞争,有竞争就必然会有优胜者和失败者。有的孩子只能成功,不能正确对待失败,主要是由于成人太过溺爱,什么事都让着孩子,使孩子长期缺少竞争的对手,更缺少竞争中失败的经历,因此当他们和同龄人竞争遭遇失败后,就容易丧失自信,害怕竞争甚至妒忌获胜者,产生负面情绪。因此,成人在平时生活中就要多引导幼儿,让他们明白"失败是成功之母",用正确的心态面对失败。另外,成人创设环境让幼儿竞争,主要是为了让幼儿培养他们的竞争意识,体验乐趣,而并非一定要争个"你高我低",否则孩子就会对竞争产生抵触的情绪或者扭曲误解了竞争真正的内涵。幼儿的可塑性是很强的,他们各人的能力倾向、兴趣不同,在此时此事上"失败",不等于时时处处失败,更不等于永远失败。父母要满怀信心地期待幼儿在"下一次"竞争中获胜,要善于发现孩子的长处,让其在竞争中充分表现出来,要给暂时"失败"的幼儿以更多的鼓励和关心。同时也要教育孩子向别人的长处学习,把他们对优胜者羡妒的心理转化为竞争的动力。

7. 自信是成功的第一步

——如何培养幼儿的自信心

在孩子成长的道路上，自信是非常重要的，良好的自信心是帮助孩子通向成功的第一步。家长要帮助孩子培养自信心需要做到以下几个方面：

第一，恰当的鼓励和赞扬。

家长的鼓励和赞扬对孩子自信心的培养十分重要，对增强孩子的自信心是很有益的，但是对孩子的鼓励必须正确恰当。过度或过于轻易地滥用鼓励和赞扬，会使孩子不懂得什么才是真正值得赞扬的。最好的鼓励应当是针对孩子的某个具体行为给予及时的、具体的、准确的反应，比如对他说："今天宝宝的扣子是自己扣的哦！真棒！以后也要坚持哦！""宝宝画得越来越好了，颜色很漂亮，但是如果再多画一点花上去就更好看了！"这种称赞比笼统地说"好极了"效果更好，因为孩子既明白了自己好在什么地方、和什么作比较，同时也可以了解自己今后的努力方向。

第二，让孩子试着做决策。

很多家长认为孩子就是要听大人的话，不给孩子一点自己做选择、做决定的机会。其实，家长应当倾听孩子的想法和建议，让孩子自己想办法解决面临的问题，这能使孩子感到自己的智能和潜力。几个4岁的孩子在一起玩，他们抢着骑一辆自行车，争执不下，结果谁也骑不成。在旁边的妈妈们让他们想想看，有什么办法让大家都能骑到。一个孩子想了一想说，我们轮流骑，一人骑一会儿。大家采纳了他的建议。这种采纳带给他的高兴和鼓励以及成功的体验是不言而喻的。

第三，让孩子感到自己"被需要"。

家长除了要让孩子自己做决定以外，还要让孩子感到自己有用，能够帮助他人做一些有益的事。比如家长在一些家务决策上可以询问一下孩子的意见和看法并适当采纳孩子的建议，还可让孩子为家里做些力所能及的事，多帮助别人，让孩子感到自己是个有用的人。

第四，多让孩子与人交往。

家长应当让孩子多与人交往，积极参加活动并积极贡献自己的能力，感受到与他人之间的相互友谊、需要和依存。

第五，帮助孩子获得克服困难、取得成功的自信心。

家长鼓励并帮助孩子克服困难，取得成功，可以很好地让孩子树立自信心。但是要注意的是，在激励孩子做某种具有挑战性的事情时，不要一味地给以物质刺激。

最好把他们作为已有一定智力和能力的人，以自尊心、荣誉心来激发他们，这样才能保持激励的持久和深入。比如让4岁的孩子自己穿裤子，不要说："你现在自己穿上，下午就给你买雪糕。"而只需说："你已经长大了，能够自己穿上它了。"在这样的提示下，他努力穿好了，就会感到自己确实长大了，就会在以后每天的努力中巩固这种感觉，从而自信心大增。

8. 孩子没主见，家长怎么办

——谈谈幼儿果断性格的培养

扬扬是个5岁的小男孩，他在老师、家长、邻居的眼中都是一个听话的好孩子，可是他做任何事都显得太过乖巧和顺从，很没有主见。这下扬扬的爸爸妈妈有点着急了，孩子这样完全没有自己的主见，应该怎么办呢？

作为家长，要想培养孩子有主见，不妨试试下面的几种方法：

一是让孩子学会自己"做主"。

"小事"让孩子做主。比如孩子过生日时请哪些小朋友来，和小朋友一起做什么游戏，带什么玩具去幼儿园等，诸如此类的问题，父母大可放手让孩子去做决定。

"大事"让孩子参与。孩子因为年龄还小，很多事情还是需要家长的指导和帮助。一些大事家长可以征求孩子的意见，让他参与其中，但大的原则和方向还是由家长来掌握。

二是教会孩子说"不"。

"拒绝"是每个孩子要学会的"一节课"。在孩子心中，家长、老师往往就是权威，他们很少也不敢去怀疑家长和老师说的话。"我爸爸说……"，"我们老师说……"，这些话都是常常被孩子挂在嘴边的口头禅。家长在平时的教育中，要慢慢地让孩子明白，虽然大人懂得很多事情，但是他们也会犯错，这样孩子就不会盲从成人。另外，在平时生活中，家长可以设置一些情景，故意出一些小差错，让孩子来纠正你，让他们学会对"权威"说"不"。

三是亲子之间多做益智游戏。

家长可以设置一些问题情境，和孩子一起来做亲子益智小游戏。比如："我们现在用积木搭个大房子，今天你来做大楼的建筑师，妈妈来当助手！"让孩子发挥自己的想象搭房子。再比如和孩子一起玩娃娃家，告诉孩子"洋娃娃不喜欢吃胡萝卜，你是爸爸，想个办法吧！"等等。在游戏中，孩子自己开动脑筋，解决问题。这时，孩子充满幻想的小脑袋里会想出各种答案，家长这时候应当适当鼓励，不能在孩子刚做出决定时就说："这样怎么行？你这是什么办法！"而应当尽量每天都给孩子一些需要解决的问题情境，让孩子自己想办法解决问题，培养主见。

9. 改变"小霸王"

—— 如何培养幼儿的自制力

自制力是指人们能够自觉地控制自己的情绪和行动。既善于激励自己勇敢地去执行采取的决定,又善于抑制那些不符合既定目的的愿望、动机、行为和情绪。幼儿由于受自身年龄特点和发展水平的影响,自制力比较差,不善于控制自己的情绪和行动,往往想做什么就做什么,有的孩子这一点尤为明显,就成了大家讨厌的"小霸王"。他们喜欢哭闹,不太听话,喜欢抢小朋友的玩具等等。

幼儿的自制力差与以下几个方面有关:

首先,幼儿的自制力差与其生理发展程度密切相关。幼儿的大脑中枢神经系统的神经纤维髓鞘化尚未完善,表现为兴奋比较容易泛化,兴奋强于抑制,反应不精确,所以外界的各种刺激都极易引起兴奋而难以自制。

其次,自制能力差也与幼儿所处的环境有关。假如孩子成长在一个溺爱他的环境里,娇纵成性,孩子的自制力就会越来越低。

自制力是坚强的重要标志,坚强的品质能够帮助人们走向成功。美国著名的心理学家特尔曼曾对千余名儿童进行追踪研究,30年后总结此项研究时发现:成就与智力不完全相关。智商高的人不一定就会取得大的成就,但是取得成功的人一定具有坚强的意志,他们能够坚持不懈,具有很强的自制力。

培养孩子的自制能力,可以从以下几方面着手:

第一,培养孩子良好的行为习惯。对孩子自制能力的培养,最初可以在一些生活习惯方面进行。比如要求孩子准时就寝、起床,按时定量饮食,不偏食、不挑食等。随着孩子年龄的增长,对其自制力的培养要从生活习惯逐渐地转向社会道德规范和社会责任心以及自己的情绪情感等方面。比如要求孩子遵守集体的纪律和规则,要懂得适当的服从,不能因为自己的意愿而做伤害他人利益的事。比如不能因为自己的喜好就去抢其他孩子的玩具等等。在成人的培养下,幼儿会逐渐懂得约束自己,增强自制力。

第二,让孩子学会做"自我评价"。成人多给幼儿讲一些小故事,让幼儿从故事中学会分辨行为的正确与否,并逐步迁移到自己身上来,学会"自我评价",自觉地以有自制的行为去替代不适宜的行为。除了通过故事这种形象的方式帮助幼儿理解,成人在平日生活中培养孩子良好行为习惯时,一定要坚持说理。不仅要让孩子知道怎样做才是对的,并且还要让孩子知道为什么这样做是对的。"知其然并知其所以然",才能让幼儿深刻地领会,真正做到约束自己的行为。比如孩子采了公园里漂亮的花,家长不能只是责骂他,而是要告诉他这样不但大家没办法欣赏到这些漂亮的花,而且还破坏了环境,这样来帮助幼儿理解以后,孩子就会更好地约束自己的行为。

第三,充分发挥榜样的作用。前面的篇目中提到了幼儿模仿力很强,因此家长就要充分发挥榜样的作用帮助幼儿培养良好的自制力。成人除了自己在平时生活中要约束好自己的行为,控制自己的情绪,为幼儿提供良好的典范之外,还要多利用图书、动画这种儿童喜闻乐见的形式来教育幼儿,寓教于乐,树立榜样。

10. 为孩子展翅高飞早做准备

——培养幼儿的独立性

现在家庭中的独生子女,独立性都比较差。培养幼儿的独立性,首先要做到以下几点:

(1) 不要对幼儿过度保护。

家长对幼儿过分保护,会让孩子习惯这样一个避风港湾,独立性就会一点点被消磨,还可能使他们变得胆怯、好哭闹、依赖心重、神经质、不敢做任何尝试,而且不易与人接近。

(2) 让幼儿做力所能及的事。

家长为孩子提供属于他们个人的物品,并让他们从小就养成"自己的事情自己做"的习惯。自己的东西要爱护,要保持清洁,用完的东西要放回原处。例如蜡笔、尺子、水彩笔、小剪子等放在自己的小抽屉里,玩具放在玩具箱内,图书放在书橱里,弄乱了自己整理好。孩子在处理这些事情时不知不觉地就会养成独立的个性。

另外,家长还可以让孩子做一些简单的家务活。1岁以上的孩子,就可以参与家中易于完成的工作。例如拿报纸、拿拖鞋、摆放筷子等。但是家长千万不要忘记,当他完成了你交给的任务,跟他说声"谢谢,你真棒!""你真是爸妈的小帮手"之类的话鼓励他,孩子会很高兴,从而产生动力,以后会更自觉地去做事,渐渐树立起责任心和独立性。

(3) 培养过程中对孩子要耐心。

孩子的独立性,不仅依赖于身心发展的成熟,也需要靠后天的学习。因此,父母一定要有耐心,千万不可操之过急,剥夺了孩子学习的机会。例如:有些父母想让孩子做些家务事,让他拿筷子,可是孩子动作不灵活,撒了筷子,家长就会不耐烦地替他来做,甚至还会责备孩子。这种不耐心的结果,会干扰儿童创造性的思考过程与实践过程,使孩子变得更加沉默和依赖。

孩子对问题抱着疑惑态度时,正是孩子智能活跃、独立思考的最佳机会,因此父母应该好好利用。例如:当孩子提出问题时,父母切勿把答案轻易地和盘托出,只需给孩子一个引子即可,至于结论,让孩子在大人的引导下去思考。当孩子想表达自己的独立见解时,家长千万别因为孩子的表达能力有限,急着帮孩子一口气将他的想法说出来。

其次,家长必须要了解幼儿的年龄发展特点,在不同年龄运用不同方式逐渐地对幼儿进行培养。

1岁左右,是培养孩子独立性的开端。许多父母对幼儿独立性的培养还没有一个正确的认识,认为培养独立性,就是让孩子独自一人,对孩子的哭闹、请求都不予理睬,这个做法是非常不可取的。这个年龄的孩子,一方面需要独立,一方面又依赖父母,因此当父母尝试训练婴儿的独立性时,首先应给予婴儿安全感,使孩子有所依赖,然后才能开始培养独立性,否则就会使孩子丧失安全感,得不偿失。父母应当让孩子独自玩耍,并不时地与孩子说句话,给他一个爱抚等,让他既能有独立的时间,也有安全感。

2至3岁以后,孩子对父母的依赖已不像婴儿时期那么强烈了,他已经开始对探索外界事物充满了强烈的好奇心。因此,父母可以趁此机会让其探索外部世界,让孩子在独立探索中培养独立性。

11. 怎样让孩子"自作主张"

——幼儿自主性的培养

自主性,就是指既不依赖他人,也不受他人的干扰与支配,自己思考、判断、自我行动。孩子的主动性、上进心、独创性、自信、责任等都是自主性的体现。

家长在培养孩子的自主性时,往往感觉很矛盾。因为这往往意味着让孩子有一定的自主权来做决定,可是家长又担心孩子的判断力不足,放手让孩子去做一些事情,反而会产生不好的影响。但是孩子的自主性对幼儿的发展又是十分重要的,在父母做决定的家庭中长大的孩子,常常缺乏理性判断力和选择的能力,而且缺乏责任感,甚至不知道如何对自己负责。当以后长大离家时,都会面临种种困难的选择。

正所谓"授人以鱼,不如授人以渔",父母的确应当多给孩子一些自主独立的机会,让孩子能够适当地"自作主张"。但是如何让幼儿来掌握自主的能力,有几点必须注意:

(1)当幼儿作决策时:

不要给孩子太多的选择。父母在让孩子做选择、做决定的时候要注意在适当的

范围内让幼儿选择,选择不可太多、太开放,范围不可太宽,机会不可太多,否则过多的选项、生活中事无巨细的选择会让幼儿不知所措,出现选择困难。这样反而会让孩子觉得自己没有自主的能力。

不要给孩子太大压力。如果孩子自己做的决定不合理或不恰当,父母可适当给予提醒与提示;如果孩子做决定后,遭到挫折,产生了失败感,父母要给予帮助和安慰。这样孩子就不会惧怕"自主权"。

成人要适当地帮助幼儿做出决定。这是大人与孩子共同做出的决定,是帮助孩子学习做决定的好方法。"如果我们不去探望奶奶而去儿童乐园,奶奶会伤心的"。这就是父母进入孩子的选择中去。在判断正确与错误的选择时可说:"我们已答应奶奶去吃饭,如果不遵守诺言会失去奶奶对我们的信任。"该让孩子知道做出决定就要负责到底。

一些关系到幼儿安全等切身利益的决定,家长可以告诉幼儿利弊,帮助幼儿选择。比如冬天必须穿戴保暖的衣服;夏天必须勤洗澡、勤换衣等,这种本身就无需选择的问题,父母不必在这些方面让孩子作主。

让孩子知道,只要尽力而为作出了比较合适的决定就可以了,不一定要十全十美。但如果强调可以随意做决定,随意犯错误,孩子就会随随便便地做决定。该让他知道做出决定后,还需要不断学习,不断提高判断能力。如孩子坚持自己倒饮料喝,结果不小心打翻了,父母不应指责说"我要帮你倒,你不让,怎么样?打翻了吧?不听父母言,吃亏在眼前嘛!"这样会降低孩子的自信心,以后不敢坚持自己的主张,而会变得人云亦云,随大流,全听别人的。而应说:"你想一想,如果把茶杯放在小桌子上,然后一手托住瓶子的底端,一手扶住瓶子的颈部慢慢地倒,这样就不会打翻茶杯,我们再来试一次好吗?这次你一定会成功的。"这样会使孩子了解到不是自己的决定有问题,而是方法上出了点小问题。随着孩子长大,经验增多,做决定的能力与技巧会渐渐提高。

(2)当孩子发挥创造力时:

自主性也包括孩子的创造力,孩子独特的创造性也是自主性的体现。当孩子表现出积极主动性,发挥自己的独创精神时,家长要鼓励孩子按照自己的思想去行动,以此培养孩子的自主能力。

(3)要让幼儿形成自主的习惯。

幼儿的自主性是逐渐发展起来的,家长必须对孩子提出明确的要求,让幼儿提高判断力,从而发展自主性,养成正确良好的自主习惯。

12. 我家有个"三分钟热度"的孩子

—— 如何培养孩子的坚持性

有家长焦虑地问:"我儿子今年4岁了,可做事一点耐心也没有,虎头蛇尾,不能善始善终坚持到底。比如看书,还没翻上几页,就扔到一边,又去拿积木,刚把积木拿出来,又想去动录音机。这样下去可怎么办?请问有什么好办法培养孩子的坚持性呢?"

许多父母常为孩子没有坚持性而烦恼不已,其实"没长性"是幼儿的一大特点,如果一个孩子能够一个人安静看一下午书,那父母反倒应该注意孩子是否出现问题了。但是父母也不应该忽视孩子缺乏坚持性的行为,应该在掌握孩子身心特点的基础上加以正确引导。

要让孩子改善缺乏坚持性的习惯,了解造成他们这种行为的原因是什么:

首先,孩子对活动缺乏兴趣。

兴趣是行动的基础和动力,如果对某件事不感兴趣,孩子就很难将它坚持到底。因此,要使孩子精力集中地去干一件事并坚持到底,则应启发并培养孩子的兴趣。

其次,家庭环境的影响。

比如父母每天忙于工作,无暇顾及孩子,难得和孩子一起说话和玩耍。长期的紧张气氛,使孩子不能心平气和地去做一件事,总是追赶着去应付新的变化。再比如,家庭人口多、住房紧张、父母脾气急躁等都可能使孩子分散精力,造成孩子没有耐性。另外,家庭气氛压抑,也会对孩子造成影响。如果父母整天争吵不休,都会破坏家庭气氛,在这种环境中生活的孩子,必定心神不宁,情绪低落,忧郁而无毅力。

再次,给孩子提供的材料过多或不适合孩子的年龄特点。

如果家中各种玩具、书、乐器等无所不有,且管理不善,孩子玩着这个又想着那个,使得兴趣多变,精力无法集中,也就谈不上坚持性。又如让孩子做的事情太难或太过简单,幼儿都会失去耐心,无法继续下去。

最后,孩子个人情况。

身体虚弱、营养不良等,都会直接影响孩子的行动热情,造成孩子缺乏耐性。也有孩子某天受情绪影响,造成坚持性差等等都是有可能的。

对于缺乏坚持性、没有耐性的孩子可以从以下几个方面进行培养和纠正:

(1)让孩子明确做事的目的和要求。

幼儿的许多行为是即时的,做事之前他并没有明确的目标,也很少关注活动的要求,这就导致了他"没长性"的行为。家长在这时就要帮助孩子明确目标和要求。比如"你要搭积木了吗?今天想搭一个什么呢?"当幼儿回答后就应鼓励幼儿"那就要认真搭一艘船哦,加油!"这样孩子的精力就会集中在积木上。在这个过程中,父母也可成为孩子的伙伴,与他一起玩,引导他集中注意。

(2)创设适宜的环境,提供合适的材料。

不要为孩子提供太多的活动材料,也不要把玩具、书籍全都摊在地上,以免分散注意力。要为孩子提供一个整洁舒适的环境。在材料的选择上,要选择孩子感兴趣的、适合他所在的年龄的材料。

(3)通过游戏等活动培养孩子的坚持性。

从孩子感兴趣的事情中,选出一项让孩子坚持下去,因为孩子的经验不足,感兴趣的东西有限,所以要尽量让孩子多接触新鲜事物,从中培养孩子的兴趣。如弹琴、折纸、下棋等,只要是孩子感兴趣的,孩子就会集中精力地坚持下去。

家长还可以通过游戏等形式培养孩子的坚持性。比如让一个孩子一动不动站10分钟是很难的,可是如果你告诉他"你现在是一个勇敢的解放军,正在站岗,要好好完成任务",孩子就会非常投入角色地坚持下去。

(4)要让孩子锻炼身体,培养坚强的意志。

有健壮的身体,才可能有坚强的意志。要注意调节孩子的营养,多给孩子创造户外活动的机会。运动是培养孩子不怕艰难、意志坚强的良好方法。

13. 让孩子从小学着负责任

——责任心培养从早期抓起

小云5岁了,每次在幼儿园吃完饭,老师都会把小朋友掉在桌上的剩菜剩饭擦干净。可是在家里,妈妈要求她吃完饭要自己收拾碗筷和饭渣,可是她总是记不住。这天她又忘记了,妈妈在饭后教导她:"每次吃完饭,桌上都会留下一些饭渣和污渍,你不把它们擦干净,爷爷奶奶就会帮你来收拾,小云已经是大孩子了,要学会自己的事情自己做,还要爷爷奶奶帮忙吗?"小云听了以后,就开始慢慢地注意吃完饭主动收拾桌子了。擦桌子事小,培养孩子的责任心事大。

不论是在幼儿园还是在家中都可以见到这样的情景:孩子玩过的玩具扔得满地都是,大人不得不跟在后面一件件收拾。这种情形既反映出孩子没有养成自我负责的习惯,也表明家长对培养孩子的责任心并没有给予应有的重视。

良好的责任心是社会合作精神的基本体现,也是健全人格的基本要素。家长都希望孩子有责任心,可孩子的责任感并不是与生俱来的,也不能在一定的年龄自动出现。责任感需要在常年累月的生活中去经历和体会不同的情境才能慢慢获得的。希望家长们能从以下几个方面去注意培养孩子学着负责任。

(1) 在日常生活的各个环节进行渗透。

责任心的培养不像教幼儿数数、背儿歌那样立竿见影,而应循序渐进,在日常生活的各个环节进行渗透,如让幼儿自己学会叠被子、洗手帕、系鞋带、扫地、收拾玩具和图书等,希望让孩子在劳动中形成责任心。分派孩子做家务本身并不是目的,主要是锻炼孩子承担义务和责任的能力。

让孩子对与自己有关的事自由发表意见。父母要指导孩子在自己的认识中感受到自己的责任并发现自身的价值,从而培养孩子独立负责的品质,不再完全依赖家长。父母与孩子说话时,可以自觉地运用鼓励信任的语言,表示相信孩子有能力作出正确的选择,如"由你自己决定"、"你自己看着办吧"、"这事完全听你的"、"你一定能干好的"。父母的肯定能使孩子产生欣喜和鼓舞,使他相信自己有承担责任的能力。

(2) 给孩子分配一些任务。

从1岁半到5岁期间需要大量的触觉训练,如果不让孩子做力所能及的事,始终不给他们独立的机会,或者干涉过多、包办过多的话,孩子很可能由此失去想做事的兴趣和愿望。有时候父母要刻意地设置环境,给幼儿分配一些任务,让幼儿感受自己肩上的责任。比如父母可以在家开展"今天你值日"的活动,轮到孩子值日的那天,就应该让他负责一些家务活,使他相信自己有承担责任的能力。

(3) 父母为孩子作出良好的榜样。

对于家长的指导和教育,孩子到底能理解掌握多少?这主要取决于孩子自己的内在反应。孩子在生活环境中对自己喜欢的人进行模仿,从而塑造自己的品质。父母如果老是做事虎头蛇尾、丢三拉四、不守诺言、推卸责任等,孩子都会"看在眼里、记在心上"的,因此孩子的责任心主要还是要归属到家长身上。父母以身教创造了和谐的气氛,孩子在自己行动体验中巩固对父母的学习,才能使责任心成为人格的一部分。

(4) 做事要养成良好的习惯。

当幼儿做事开始遵循良好的习惯时,他们也就是在慢慢养成承担责任的习惯。比如小云,当她能够自觉地收拾碗筷桌椅时,也就承担起了这项责任。再比如有的孩子做事很磨蹭,让家长很烦恼。磨蹭的孩子并非天生如此,磨蹭的习惯是平时逐渐养成的,事实上,正是父母长期以来喋喋不休的反复催促导致的。这种催促孩子的习惯很容易形成孩子的依赖心理,缺乏责任心,认为反正有爸爸妈妈会替我想到、会催促的。这种磨蹭的习惯从一开始就要注意不让它出现。去幼儿园时,要让孩子理解按时到园是他的责任。如果他磨蹭、拖拉，可以默许他迟到1~2次，让他在看到老师责备的眼光后体会一下内疚，孩子自己的悔恨比父母的痛责更能促发他的行动。只要父母根据孩子的能力提出恰当的要求，在孩子做事时不要毫无必要地催促，就不容易出现磨蹭的习惯。好习惯和负责任的行为是在日常生活的点滴小事上逐渐培养出来的。

14. 游戏是可有可无吗

——游戏是幼儿成长的精神食粮

做父母的有时会在家里与孩子做做游戏，但他们常常认为游戏只是哄哄孩子，让孩子高兴，其实不然。游戏是符合儿童年龄特点的一种独特的活动形式，儿童渴望参与到成人生活中去，但是受自身发展的限制，这个愿望没有办法满足，因此儿童通过游戏来反映自己的经验、周围的现实生活，通过游戏得到学习和各种体验。游戏对孩子的个性形成、认知发展和未来社会能力的培养有重要作用，是孩子成长中不可缺少的精神食粮。

游戏对幼儿的发展具有以下几个方面的影响：

（1）游戏能够促进幼儿运动器官的发展。

幼儿在游戏中完成任务，他的动作就更富有目的性，比如体育游戏，都能够让幼儿的身体得到很好发展，如系扣子比赛，可以让幼儿手部小肌肉得到发展，使手指协调活动。

（2）游戏能够促进幼儿智力的发展。

对于儿童来说，游戏是激动人心的，是使其得到愉快体验的活动。这种愉快的情绪，能激发和调动儿童大脑神经的高度活动能力，而人的聪明才智的发展是离不开大脑神经系统的激发活动。在游戏中满足了儿童认识客观事物的欲望，扩大了词汇量，使儿童学会从许多相近的物品中形成概括力，同时发展想象力。孩子们可以将一根竹竿当成骏马、飞机或火箭；把眼前子虚乌有的东西假想成存在的。聪明的家长都知道用游戏比赛的方法来教儿童数数或加减法，因为这样会使儿童的学习速度远胜于刻板的正统学习。

游戏提高了儿童的探索力和观察力。在玩捉迷藏的时候儿童学会了细致地思维、认真地观察和排除假象去寻找目。儿童智力的发展离不开肢体的活动能力，游戏是身体和心灵共同参加的学习。而人的大脑思维的灵活性是与肢体的灵活性相联系的。对于胆小的儿童，家长更应通过游戏培养孩子敢于进取冒险的精神。这种精神是现代人生存发展的条件，而这种精神通过书面学习是很难培养的。

(3) 游戏能够促进幼儿社会性发展。

游戏能够帮助促进幼儿社会性发展，发展他们的同伴关系。

比如角色游戏中，孩子扮演的妈妈会关心爱护自己的孩子，会和家庭其他成员打交道，学会解决同伴之间出现的问题，使孩子学会了互相关心、互相帮助等礼貌行为规范，也提高了明辨是非的能力。游戏正是在这种幼儿假想的情境中，扮演各种角色，模仿各种人的行为，体验各种角色的思想和感情，逐步接触自身以外的社会和人物，了解各种待人接物、为人处世的方法。通过游戏，还可以教会幼儿在游戏集体里与他人如何协商、合作，同时也学会如何正确竞争和适当忍让。幼儿在游戏中扮演的大部分角色是成人，开展的是成人活动，这就克服了由于儿童的实际地位和身心发展水平的局限而不能参加成人社会活动的缺陷。"游戏是儿童在学习做人"这句话是意味深长的。

(4) 游戏能培养儿童良好的感情和意志。

帮助幼儿产生移情，理解他人的情感、观点。一个爱欺负同伴的孩子，当他扮演一个被坏人打了的角色时，就体验了那种被人欺负的情感。坚持性差的孩子扮演站岗的警察，刻意培养他们的坚持力。游戏可以帮助儿童培养坚强的意志，还表现在自我控制力和耐受力上，一个手脚不停、不能专心致志的儿童，可是在捉迷藏时为了不被人发现会克制自己藏在一个角落里好一会儿不动弹，这在平时是很难做到的。无疑是游戏使孩子学到了这个本领。

(5) 游戏能培养儿童丰富的想象力。

随着社会的发展，人们的创新思维和能力越来越被看中。而一个人是否具有创造性思维，一个基本条件就是想象力。幼儿园老师带孩子做游戏，告诉几位坐在"机舱"里的孩子：你在宇宙航行中遇到一个宇宙人，他正在用特殊的语言向你讲述他们星球中许许多多奇妙的生活情况，听完之后就可以走出"机舱"向老师报告听到了什么。结果许多小朋友都坐了较长的时间，描述了宇宙人讲的事情，内容各不相同，奇妙非凡。同时也发现，坐得时间最长的孩子想象力一般最丰富。由此可见，这种想象能力就是在游戏中激发出来的。

(6) 游戏可以缓和与减轻心理紧张。

儿童在做假想性游戏时，可以通过假想的情境和生活压力，如害怕看病打针的孩子总喜欢玩给娃娃打针的游戏。游戏还能反映儿童的情绪状态。如果儿童在家经常受父母虐待，嘴上虽不会表述，但在游戏中明显地变得不善想象，游戏模式刻板混乱，角色和本人、想象的和现实之间会混淆不清，还喜欢在游戏中攻击他人。所以西方心理学家常用游戏来了解儿童的情绪，并帮助其调整。

总之，游戏不仅可以扩大儿童的知识面，使其掌握必要的生活和学习技能，还可以调节儿童的情绪，促进儿童的想象力、创造性、灵活性、持久性以及人际交往能力的发展。

15. 孩子长大就不"胆小"了吗

——重视幼儿"社交"中胆小退缩

洪洪 3 岁,特别胆小。什么都怕:去动物园怕,看到毛绒玩具怕,看到汽车也怕……对于这种胆小的幼儿,家长可千万不能忽视对他们的教育,不要以为随着年龄的增长这种胆怯就会消失,要在平时注意对他们的教育。

首先,增加孩子的知识经验。

多带孩子接触大自然,多带他们出去走走看看,可以边看边为他们讲解,多增加他们的知识经验。再比如孩子怕打雷,父母就可以用易懂的方式给孩子讲讲打雷的科学原理,消除他们的恐惧。

其次,多关注孩子的情绪。

父母要关注孩子害怕的情绪并给予他们相应的情感支持。比如去动物园孩子害怕老虎,父母就应该陪在孩子身边,牵着抱着他,给他适当的安全感。

最后,父母应多注意自己的言行。

父母自己不要经常有易惧怕的表现,给孩子一个勇敢的榜样。另外,在教育孩子时不要随口说出恐吓他们的话。

7 岁的秀秀性格温顺、孤僻,非常胆小。平时父母上班以后,她喜欢一个人玩,家里来了客人,不论大人小孩,她都不理睬。4 岁刚上幼儿园时,她又哭又闹,不肯去幼儿园。被父母强行送入幼儿园后,秀秀却一个人躲在角落里,不与任何小朋友玩耍,对谁也不讲话,也不愿参加集体游戏活动,显得十分孤僻,老师反复劝慰,作用不大。无奈,父母只得把秀秀领回家,但一回到家,秀秀又恢复正常,与外婆、父母倒是有说有笑,有时还能做些简单的家务。

一般来讲,大多数孩子与其他小朋友能融洽相处,一起玩耍。但秀秀却宁可一个人呆着,比起洪洪来,秀秀的这种孤僻胆小的行为称之为"儿童退缩行为",多发生在 5~7 岁儿童身上。有退缩行为的儿童很难适应新环境。童年时代的退缩行为如果不注意防治,很有可能延续至成年,影响终生。

儿童在社会交往中产生退缩行为的原因何在?

首先是先天适应能力差。这类儿童往往从小适应能力就差,平时也不爱活动,从不与陌生人交往。

其次是后天教育不当。有的家长整天把孩子关在家中让他独自玩耍,不愿他与其他孩子交往;有的家长对孩子过于溺爱,过多地照顾与迁就,使孩子难以适应新的环境,以致采取逃避的方式,如拒绝上幼儿园或上学等。

那么,如何防治儿童的社会退缩行为呢?

(1)家长应培养儿童独立自主的能力,让孩子学会自己管理自己。相信孩子的力量和能力,培养孩子的勇敢精神,让孩子丢掉处处依赖别人的"心理拐杖",去独立"行走"。

(2)家长应鼓励孩子参加各种社会活动,并大力创造条件。鼓励孩子与同伴交往,一起做游戏,多让孩子参加社交活动和集体活动,让孩子适应公共场所的活动。对已经出现退缩行为的儿童,父母和教师应帮助他们克服孤独感,适应外界环境,与小伙伴之间建立和睦的人际关系。

(3)家长不要溺爱孩子,以免造成孩子过度依赖;当然也不可粗暴,以免使孩子恐惧不安,更加害怕与人接触。而应鼓励孩子从小热爱集体,主动与其他小朋友一起活动,培养活泼开朗的性格。家长和老师的亲切和信心,有利于孩子克服性格上的缺陷,塑造其开朗的性格。

(4)家长应对儿童在社交中出现的合群现象给予奖励,逐渐增加他们的社会活动,经过多次社交实践和家长的正确心理诱导,绝大多数有退缩行为的儿童,都能克服其退缩行为,成为性格开朗的人。

16. 让害怕的孩子活泼起来

——培养幼儿具有活泼开朗的性格

我们常常能看到家长碰到熟人,让孩子喊叔叔阿姨,可是孩子却拼命往爸爸妈妈身后躲。孩子在面对新情境和陌生人时,往往会显得害羞、过分沉默。其实害羞就心理学观点而言,属于一种自卫策略。面对一个新的外部世界,有些大方的孩子喜欢直接参与环境,而"羞怯"的孩子往往比较谨慎,仅用他们的双眼来观察未知世界。专家指出,大人们往往会认为一个站在爸爸妈妈背后看别的孩子游戏的小孩什么也不会做,没用处、没出息,而实际上在一旁观看可使孩子在头脑里"玩",他所看到的游戏,对游戏程序与过程在头脑里进行"操练",这使他做好了准备,做好加入进去共同游戏的前期工作。

孩子害羞有身心和家庭两方面的原因造成。有的孩子生性怕羞,有的孩子因为缺乏安全感,使得自己没有自信,所以怕羞。另外一些孩子在家庭中遭受了过度的惩罚、偏见等都会造成孩子害羞的行为。

孩子害羞一般表现为面红、心跳、恐惧、过分敏感、只关注到自己、自卑、被动以及缺乏社交技能。不论害羞将永远成为孩子性格的一部分抑或只是阶段性的表现,让他们接近周围世界活泼起来还是有办法的。

（1）搞清孩子羞怯行为的原因。由于2~3岁的孩子很少能够说出到底是什么令他们不自在，因此父母弄清楚原因是很重要的。有时候孩子会因为很亲近的人换了衣服而不愿让他抱，有时候是因为陌生人看起来不亲切等原因。如果家长能够了解孩子害怕和羞怯的原因，并作适当解释，让孩子明白其中道理，孩子是会重新活泼起来的。

（2）为孩子减压。带孩子外出或与其他孩子在一起时尽量让孩子减轻心理压力，慢慢地放松适应。在看别的孩子游戏玩耍一会儿后，孩子会逐步建立起信心，逐渐活跃起来，最终参加到游戏中去。

（3）循序渐进，潜移默化。有时面对客人或亲朋好友，孩子不肯叫人或不肯把自己的玩具拿出来和其他孩子一起玩，产生种种羞怯行为，这时父母千万不要说"对不起，我孩子很害羞"。这种解释会使孩子强化这种心理，导致孩子的反感与抵触情绪，影响他们对自己的看法。

也不要说"看看别的小朋友，人家谁像你这样没出息"，然后扯开孩子的小手。这种行为会让孩子感觉到爸爸妈妈拿他和别人比较，说明他们更喜欢别人的孩子而不喜欢我，令孩子缺乏安全感。

更不要说"不要怕，有什么好怕的？他们又不会吃了你！"之类的话。因为对孩子来说，陌生的人和环境明明就是害怕的，而父母则说"没什么好怕的"，这与他的自我感觉相矛盾，令孩子困惑，甚至会加剧对陌生的人和环境的恐惧。

（4）多与孩子交流并给予他们关怀。比如别的孩子在玩动物玩具时大声高喊，学动物的叫声，父母可以对孩子说："他们叫得声音真响亮，就像大老虎一样有力，可我怎么没有听到你的声音？"这样父母说出的话讲出了别人的感觉，同时让孩子理解了这些孩子的行为，带他进入一种情景，让孩子慢慢放下羞怯。

（5）尊重孩子的脾性，顺其自然。据美国哈佛大学心理学教授卡根博士说，研究表明实际上有15%的人生来就比较羞怯，不够活跃，大多数羞怯的2岁儿童长到7岁时便会克服其害羞心理。害羞在儿童行为中是极为普遍存在的一种问题。对孩子来说，它更多的只是性格发展中一个阶段的表现，每个孩子或多或少都有一点。但即使孩子仍很害羞内向，只要父母尊重他们的性格，他们也会活跃起来。

（6）利用孩子的特殊兴趣。这可以达到鼓励他参加集体活动、主动与人交往，消除孩子的紧张不安。如孩子对搭积木有兴趣，可以帮他邀请一些小朋友来一起玩，让他们感觉集体游戏、合作游戏的乐趣。若孩子对画画有兴趣，可以带孩子去看画展，去户外写生，和小朋友一起画画。孩子在这样的小团体里能体验到新的经验，逐渐变得自如、大方起来。

17. 一个孩子一个样

—— 接纳幼儿的气质差异

气质是一个人所特有的心理活动的动力特征,是个性和社会性发展的生物基础。气质是先天的,它使孩子的整个心理活动带上了个人独特的色彩。

气质可以有以下几种分类:

(1) 容易型。

多数孩子属此型。它们在婴儿时吃、喝、睡等生理机制有规律、容易适应新环境,易接受新事物和不熟的人,情绪一般积极愉快,对成人的交往行为反应积极。容易受到成人最大的关怀和喜爱。

(2) 困难型。

此类人数较少。他们时常大声哭闹、烦躁易怒、爱发脾气,不易安抚。在饮食、睡眠等方面缺乏规律性,对新食物、新事物、新环境接受很慢。成人较难得到他们的正面反馈。

(3) 迟缓型。

这类孩子活动水平低,行为反应强度弱,情绪消极。安静退缩,逃避新刺激,适应慢。无压力情况下也会对新事物逐渐产生兴趣变得活跃。此类型会随年龄增长和成人教育不同而产生不同变化。

父母必须接受孩子的气质类型,接纳孩子气质上的个性差异,明白一个孩子一个样的道理,不要把自己的孩子随便地与别的孩子相比较,应充分地挖掘孩子的潜能,而绝不是压抑孩子的天性。具体来说,父母可以注意以下几点事项:

第一,尊重孩子的天性。

不要对孩子抱有与他实际不符的希望。比如:你想让孩子成为运动员,而孩子却是书迷;你希望女儿彬彬有礼,但她却是个顽皮的女孩。所以,父母应放弃希望,顺其自然,切不可强逼硬压,而应让孩子的天性自然发展。大人为孩子选择图书,购买玩具、服装等,在节日或生日的庆祝活动中,均应考虑到孩子的特点。若孩子内向,不应硬把他推向宴会的主要位置;若孩子外向,则尽量创造条件将孩子置于引人注目的地方,参加能充分展现他才能的活动,要因人施教。

不要任意责备孩子的天生特点。孩子的个性是天生的,有的孩子天生害羞胆小,父母就不要因此去批评和责骂他。再比如,一个孩子的父亲个性较慢,对人对事均较宽容,而母亲则性子火爆,非常要强,时时处处要与人争个高低。儿子的玩具被别的幼儿抢去以后,会表现出无所谓的态度,转身又去拿别的玩具玩了起来,母亲发现后非常气愤,骂儿子没用,怂恿儿子去抢回来,可儿子根本没有这种意向。由此可见,希望子女能按自己愿望继承父母的某些优点,或消除某些弱点,都是无法实现的。还有的孩子属于感受性很强但是反应性比较弱的气质类型,一些父母就会经常说孩子"傻"、"笨",长此以往就会影响孩子学习的自信心;经常说孩子胆小没用处、不灵活,与人相处没有心计等,以后也会影响孩子的社交能力。

第二,某些天生的倾向还是可改变的。

不要因为孩子天生怕羞,就认为无法改变其社交能力。不要认为精力充沛的孩子不会有沉默安静的时候。缺乏数学天赋的孩子,虽然不能期望他在数学方面有很深的造诣,但是对于学习数学,只要经过努力还是可以取得好成绩的。

第三,善于发现孩子的优点。

每个孩子都有优点,有的孩子也许不灵活,但是为人热情,有的孩子反应虽慢,但是内心很细腻,家长要多发现孩子的优点。还有些特点不是天生的,而是后天培养的,如:责任心、爱心、善心、诚心和耐心等。父母应引导他们树立这些好品质,因为这会影响孩子将来的发展。

18. 改变孩子"人来疯"

—— 按性格因人施教

很多父母都为家里有个"人来疯"的孩子而苦恼。很多"人来疯"的孩子在平时并不是性格特别外向和吵吵闹闹的,但是只要家里一来人孩子就会发生变化,表现出异常兴奋,形如"人来疯"。

苗苗今年6岁,平时是个懂事讲礼貌的孩子,爸爸妈妈去上班时,她就一个人在家自己玩,不吵不闹。不过,家里一来客人或她去别人家玩,就立刻变了个人,搞得家里乱七八糟,还会让父母很没面子。

对"人来疯"的孩子,应该做到以下几点:

(1)多与孩子在一起,多带孩子接触外面的世界。

孩子天生就有表现的欲望,容易兴奋。现在的独生子女一个人在家,很孤单,如果家中生活又太平静,日复一日,气氛单调,一旦有外人来做客,打破了往日的平静,给孩子带来了强烈的刺激,就会变得过于兴奋。父母平时要多陪陪孩子,多和孩子交流、游戏,多与孩子参加各种活动,接触大自然,接触社会,这样孩子就不会因为家里来客人而感到异常兴奋。

(2)教会孩子待人接物的礼仪。

作为家长,要将礼仪教育贯穿到生活当中去,让孩子在平时的点点滴滴中养成好习惯。在有客人要来之前,要事先跟孩子再"确认"一遍礼貌的做法。比如要主动和叔叔阿姨打招呼,要和大家分享零食、玩具等,养成保持卫生的习惯,不要过分吵闹。去别人家要有礼貌,不能乱动别人的东西等等。

(3) 不要忽视孩子的存在。

很多家长在请客或做客时会因为社交而忽视孩子。这时候孩子会采取自我表现等积极的方式来引起大人们的关注,他们也迫切希望大人们对他的作为作出认可和称赞,从中获取自尊和自信。应该让他积极参与到活动中来,可以多给他们一些在社交场合表现的机会,比如帮叔叔阿姨倒水等。

(4) 对孩子不适当的行为不要太过严厉。

孩子的判断能力和抑制能力较低,有时在客人面前过于活跃,但是这个时候父母千万不要责备他,可以暂时忽略,转移话题,事后再进行教育。当孩子太过兴奋时父母可以把他们带到身边,静静地坐一会儿,给些拥抱,同时轻轻地给些表扬,如"今天你真大方、真热情、表现很好,妈妈真为你骄傲。现在你先坐一会儿,别太累了,等会儿妈妈再陪你去看看新来的客人,他们一定会喜欢你的"。这样孩子就会在父母的安抚下安静下来,不会过度兴奋,也学会了把握和控制自己。

(5) 不要对孩子过于溺爱或过于严厉。

家庭对孩子过于溺爱,不管孩子的要求是否合理,一概给予满足,使得孩子的"自我中心"加剧,变得自私、任性,在客人面前无理取闹;有些家庭对孩子管束过严,严重抑制了孩子的天性,当有客人在场时,孩子也会提一些平日不敢提的要求,抓住时机尽情释放自己。因此,家长一定要杜绝过度溺爱或者过度严厉的教育方式,了解自己孩子的身心发展特点,改变过度溺爱或过度严厉的教养方式,营造一个温馨的家庭氛围。

19. 常把想象当现实

—— 谈幼儿的"说谎"行为

如果你是一位3~4岁孩子的母亲,你可能会很惊讶,天真无邪的孩子居然会说出天衣无缝的谎话,你可能十分担忧,觉得孩子的道德发展出了问题。其实"说谎"是学前儿童智力发展的一部分,如果父母对孩子的谎言能有所了解的话,将有助于对孩子的谎言做出适当的引导。

儿童常见的"撒谎"行为有以下几种类型:

(1) "天方夜谭"型。

孩子为了吸引别人的注意,常常会自己去"创造"和"编构"故事,有时犹如"天方夜谭",甚至到了荒唐离谱的地步。例如,孩子为了表示自己早饭吃得多,编造出:"我吃了100个鸡蛋,100根油条,还一口气喝了100瓶牛奶,吃得可饱了。"

原因:

幼儿心理发展水平低,认识能力差。他们常常分不清哪些是想象,哪些是现实,所以经常把想象当成真实的事来描述。幼儿想象力丰富,有时是为了满足自己的一些心理需要,这些需要在现实生活中无法实现,另外幼儿喜欢把一点小事任意夸大,以吸引别人的注意,从而表现自己。例如:孩子日常生活中许多愿望想法得不到实现,他就会借助于想象获得满足。出现"天方夜谭"这种谎言有时是因为孩子失去了对事实的认知控制,也就是说事情的复杂性超过了他所能理解的程度;他分不清什么是事实,什么是想象,他也不认为自己说的是谎话。

(2)记忆误差型。

午睡起来,静静的老师为静静扎了一个漂亮的小辫子,下午放学时,其他小朋友的家长看到她说:"静静的头发真好看,是谁给你编的呀?"静静立刻说:"是妈妈。"

原因:

幼儿的记忆常出现错误,再加上他们语言等方面的发展有限,很多时候他们不能完整地回忆或者表达自己,他们会想象和虚构记忆缺失的部分,或者"张冠李戴",把几件事弄混。这也是孩子说谎的原因之一。

(3)潜在目的型。

梁梁弄坏了遥控汽车,妈妈问他时他却说是爸爸弄坏的;还有的为了得到玩具,告诉爸爸妈妈自己在幼儿园得到一朵小红花;为了向同伴炫耀,说自己家有像人一样大的机器人……

原因:

这些都是幼儿为了满足自己的需要,或者为了达到某种目的才说的谎,较之前面两种类型的无意说谎,这种类型是一种有意说谎的行为,看似这是幼儿故意在说谎,品行似乎出现了问题,事实上,如果这个年龄的孩子不会急忙否认,却静静地等着受罚,那父母才真该担心呢!其实,懂得否认,显示孩子的智力发展正常,已经开始了解因果关系。因此,这样的谎言不要把它想成是不诚实的。父母此时应当关心的是谎言背后的含义。

适度的想象有益于排解孩子的消极情绪,因此家长不要过多指责。当然,如果孩子的谎言说得太多,或者他确实有错误想法时,父母就该特别留意,并在以下方面予以正确引导。

一是在日常生活中,要注意引导孩子进行观察,促进其认识能力的提高。帮助他逐渐分清哪些是现实,哪些是他自己的想法。同时要有意识地鼓励孩子进行有益的想象。例如:讲故事时有意识地鼓励孩子自己去编构出合理的故事结局。

二是给孩子表现的机会。爱表现是人的天性,孩子也不例外。经常找机会让孩子表现,如当众唱歌、跳舞,或去独立完成力所能及的事,然后予以表扬,这样就可以减少他靠夸大想象来吸引人的做法。

三是引导孩子学会怎样正确满足心理需要。孩子经常以想象的方式来满足自己的心理需要,毕竟是一种消极做法,长此以往会对孩子造成不良影响。所以家长要细心了解孩子有哪些心理需要,然后帮助他找到满足需要的积极有效的方法。

20. "左撇子"要纠正吗

—— 正确对待幼儿的"左利手"

世界人口中有10%左右是左撇子,每10个人中就有1个人习惯于做事以左手为主,用左手写字、左手吃饭、左手打球等。在日常生活中,称这样的人叫"左撇子",在心理学上称作"左利手",取使用左手较为便利之意。

人的大脑分左、右两半球,神经的通路是交叉的,两半球的分工有所不同,人的左脑负责理性思维,右脑负责形象思维,儿童由于形象思维占主导地位,因此右脑功能偏强,而右脑控制左半身,所以儿童时期左撇子偏多。随着年龄的增长,左脑的理性思维日益健全,有一部分左撇子改用右手,但也有不少孩子仍以左手为主。3岁之前的婴儿往往左、右手并用,看不出以哪一侧为主,3岁以后才看出左利或右利。到5岁左右才能真正确定为左利手或右利手。一般人都有优势脑半球,利手就与优势脑半球有关,一般人左脑较为发达,为优势半球,所以以右手为主,少部分人以右脑为优势半球,表现为左撇子。右半球脑管左侧上、下肢的活动,而左半球脑管右侧上、下肢的活动。无论左脑还是右脑为优势,都是正常现象,只是功能有所偏重而已。

由于左右半脑的分工侧重不同,不同优势脑半球的人在发展上也具有不同的特点和优势,因此如果强迫将左撇子改为右手,就是强行改变其优势半球,造成原有的大脑两半球功能紊乱。这些孩子改用右手后多半出现书写或阅读等方面的障碍,如写字时将左右结构颠倒,读书时跳行跳字,严重的还会产生心理方面的障碍,3岁左右正是处于学习语言的阶段,强行纠正左利手会出现口吃、说话不清、发音不准等语言问题,还会引起动作失调、语言障碍、记忆减退、情绪反常等一系列问题。冰冰是个4岁的小女孩,家长强行将其左利手改为了右利手,结果孩子变得很急躁,写字画画也变得一塌糊涂。可是如果让她用左手就不一样,情绪稳定且写字画画都很好。看到这样的情景,家长难道还要继续不尊重幼儿的发展,强制改为右手吗?

生活中有人甚至认为"左撇子"是一种生理缺陷。其实这是一种误解和偏见,是没有科学根据的。事实上,左利手和右利手的孩子在智力发展上是没有什么显著差异的。美国心理学家哈迪克和培瑞那维奇曾对左、右利手的孩子作了对比研究。在14项阅读能力的比较中,有13项没有差异,1项是左利手孩子优于右利手孩子;在8项智力测验中7项无差异,1项是左利手孩子优于右利手孩子;在学业成绩测验中也没有差异。而在历史上和现实生活里,左利手中也不乏名人。例如罗马的皇帝台比留,文艺复兴时期伟大的艺术家米开朗基罗、美国总统福特、克林顿,以及许多杰出的篮球、排球、棒球、乒乓球运动员等等,都是左利手。所以,没有什么必要一定要使孩子从左利手改用右手。

当然,"左撇子"在生活中确实存在一些不便,父母可以在孩子尚未形成左手习惯之前,用关怀、理解、温和的态度,鼓励孩子学习使用右手,也可以进行适当的训练,可以从训练粗大的动作开始,如用手指蘸水在沙地上写字,而不是握笔写字,或从使用右手掌握新的东西开始,如学习提水、投球等新动作用右手开始做;也可以让孩子用右手来接别人递过来的东西等。做这些只是为了让孩子能够尽量做到可以左右手共用,而不是强行转换。

不过有一点必须提醒父母予以特别注意,因为左撇子的脑结构决定了其身体协调和平衡的能力稍逊于右撇子,而且生活中多数工具还是为右利手的人制造的,所以他们可能更容易摔跤,如运动受伤等,所以家长要多注意为"左撇子"孩子加强安全措施。

21. 宝宝为啥不听话

——幼儿"第一反抗期"的行为表现

说到"反抗期",很多家长想到的是青春期反抗,可是其实孩子的"第一反抗期"很早就到来了,一般在2岁左右。这个时期的突出表现就是心理发展出现独立的萌芽,自我意识开始发展,好奇心强,有了自主的愿望,喜欢自己的事情自己做,不希望别人来干涉自己的行动,逆反心理很强,常常做父母禁止做的事情,一旦遭到父母的反对和制止,就会发脾气,固执不听话,容易产生说反话、常常把"不","不要"等否定词放在嘴上。这是孩子个性形成的关键期。按理说,家长本应珍视幼儿期的独立意识倾向,予以正确引导,使其得到发展。但不少家长将幼儿"闹独立"的种种表现,不加分析地统归之于"不听话",于是摆出家长的架势,将自己与孩子处于一种教育者与被教育者,甚至"统治"与"被统治"的地位。对孩子轻则训斥,重则打骂,无形中损伤和打击了孩子的独立性,结果反使孩子产生强烈的逆反心理。孩子就以不听话来对抗父母的限制。

幼儿一般在2岁左右开始进入"第一反抗期",有的孩子在20个月左右就进入了"第一反抗期",在4岁左右时达到高峰。他们经常和父母说反话,"不"字常常挂在嘴边。有的宝宝不肯睡觉、要自己穿衣服,父母如果不按照他的意思做他就大哭大闹。3岁左右的儿童愿意自己使用勺子或筷子吃饭,不愿意让他人喂饭,如果强行喂饭,孩子就会不好好吃饭。孩子常会说:"我自己吃饭,我自己看书,我自己洗手……"。

作为家长,面对反抗期的孩子,首先要做到摆正心态,了解自己的孩子。反抗现象是儿童成长进步的标志,是儿童发展自主性、独立性、自信心、意志力、想象力、安全感等行为品质的关键时期,这一时期只要儿童的行为不具伤害性,成年人就不要过分干涉和束缚孩子的行为。

其次是平时教育中不要对孩子百依百顺,采取迁就态度,这样做的结果不是孩子听你的话,而是你听孩子的话。

其三,家长教育孩子时要"统一口径"。父母在子女教育上的意见必须一致。否则父母当着孩子面,一个帮忙一个批评,孩子就会察颜观色地倒向庇护自己的一方,而不听另一方的话了。"一致性"在纵向方面要求,就是对孩子的要求应有连贯性。任何时候对孩子要求都要一致。

最后,要身教重于言传。孩子逐渐在长大,他们的分析和认识能力也在提高,他们对周围的现象包括对父母的言行,逐渐有了自己的见解。在孩子面前树立良好的榜样,形成家长的权威。

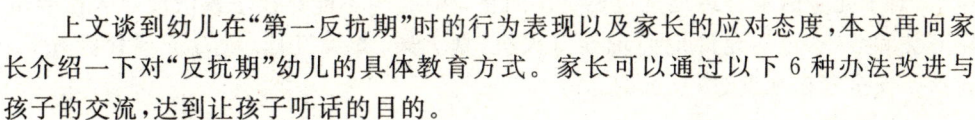

22. 让孩子听话的艺术

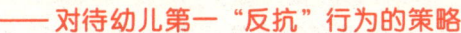

—— 对待幼儿第一"反抗"行为的策略

上文谈到幼儿在"第一反抗期"时的行为表现以及家长的应对态度,本文再向家长介绍一下对"反抗期"幼儿的具体教育方式。家长可以通过以下6种办法改进与孩子的交流,达到让孩子听话的目的。

(1) 少说套话。

最常见的套话是"我在你这么大的时候……"面对这种沟通方式,孩子的本能反应是闭上嘴巴。虽然他们的眼睛仍在盯着你看,可耳朵却根本不在听。这种话对于孩子来说根本无法理解。良好的沟通应该是用现在的状况来解释你的行为。间接的表达方式也很有效,通过故事、父母间有意制造的相关话题等让孩子明白道理。

(2) 避免气话。

父母在孩子出现反抗行为时不能冲动,对着孩子说一些诸如"不要你了"之类的气话。父母的情绪与孩子的成长关系密切,始终保持平静也不是一件容易的事。明智的父母应该学会控制自己。如果父母本身都不能保持心平气和,做事冲动,那么反抗期的孩子可能会变本加厉地模仿。

(3) 认真地听孩子说。

认真地倾听孩子是怎么说的,了解他到底要做什么。比如妈妈喂孩子吃饭,孩子不吃,妈妈要听孩子说他的需求,比如要自己吃,不要妈妈喂等。不要孩子一出现反抗行为,就把碗推开发脾气。在反抗期家长要更加关注与孩子的交流,倾听孩子的需要,让他们顺利渡过反抗期。

(4) 以慈爱为本。

在亲子关系、夫妻关系融洽的家庭中,家长的慈爱是最温柔、最恬静的交流手段。父母的爱不仅可以用语言来表达,也可以通过相互抚摸来进行交流。表达慈爱的方式也有讲究。孩子不喜欢大人在公共场合表达爱意,此时可采用一些无声语言。你不但要让孩子知道你爱他们,你还要表现出来,把你的想法告诉孩子,这些不仅能够让反抗期的孩子得到情绪上的安抚,还能让他了解你的爱。

(5) 尊重孩子的观点。

如果成年人仍然用2岁以前的养育方式对待3~4岁的儿童,强迫儿童按成人的意志去做,或采取打骂、恐吓手段对待儿童,那这些儿童就会丧失自信,并产生自我否定的观念,国内外的医学心理学研究表明,对孩子反抗现象过分抑制,会影响孩子的身心发育。

聪明的家长当然知道他们必须毫不动摇地坚持自己的决策权,维护自己在家中的主导地位,但也不应忽视尊重孩子的观点。应允许孩子发表自己的见解,参与家中重要事务的讨论和决策。这样做至少有两个好处:一是孩子会愉快地接受家长的决定;二是他们会因此把自己当做家庭中重要的一员,成为父母的"同盟军"。

(6) 不能过于放纵。

当然,孩子毕竟年幼,有些事必须由父母决定,尊重孩子绝不意味着凡事都迁就孩子,对于儿童的不合理反抗也要坚决纠正,例如,绝不能让孩子模仿成年人摆弄电器开关和插座,也不允许他们玩弄打火机、划火柴、开煤气灶、玩刀子等利器等等。让孩子安全轻松地度过"反抗期"。

23. 不要和孩子"犟"到底

—— 对付幼儿任性有良策

任性、爱发脾气是孩子常见的一种现象,尤其在语言能力还不强、不能充分表达自己意见的年龄,耍赖、发脾气的表现更多。据有些统计资料反映,每月至少发一次脾气的孩子约占80%;一个星期发两次以上的约占50%;每天发一次的约有10%。有些孩子2~3岁就开始违抗大人,"不"字成了他的口头禅;有的在玩具柜台前撒泼打滚;有的在餐桌上霸着好菜不让别人吃;有的在爸爸书房蛮不讲理地胡闹等等,常常搞得成人束手无策。有人误认为这是孩子"意志坚强"、"倔理、有个性"的表现,其实恰恰相反,这种孩子的意志发展很差,他们还缺乏控制自己服从正当要求的能力。

孩子倔强、任性有以下几点原因:

孩子发脾气的最常见的原因是遭到挫折。当幼儿不被人理解时,当他们不能得到自己想要的东西时,当他们不知道如何表达自己时,幼儿会有受挫的感觉,此时他们就会闹情绪。再比如一个孩子前一天晚上看了《西游记》,非常喜欢和羡慕孙悟空,想画个"孙悟空"却怎么也画不出来,就急躁了起来。

"第一反抗期"的任性。当孩子2岁左右时,随着其自我意识的发展,会渴望自己独立地试着做许多事,出现了心理学上称作为"第一反抗期"的种种反抗行为。此时成人若过多地束缚孩子,什么事都包办代替的话,也会使孩子易发脾气。

成人的教育不当导致了幼儿倔强任性的性格。有的成人对孩子一味娇纵,平时对孩子就有求必应,如果孩子再要点小性子,那家长对孩子更是"要月亮给月亮,要星星摘星星"。而相反,一些家长对孩子期望太高,给孩子太大压力,处处让孩子自强自立,这也会让孩子产生任性倔强的反抗行为。

了解了这些原因,成人就可采取相应的改进措施。

(1) 正确引导和教育。

对2岁左右处于"第一反抗期"的孩子,成人应鼓励、支持他独立地做力所能及的事,属于孩子能力上一时达不到而引起的挫折感,成人要耐心地了解孩子的要求,安慰、鼓励和帮助孩子,使他达到预定的目的,享受成功的喜悦。如果属于成人不正当的教育所引起的不良后果,成人则要检查自己的行为,调整教育要求。这样做,才是从根本上解决孩子的任性和发脾气,防患于未然。

(2) 转移注意力。

对于脾气倔强、好发脾气的幼儿,家长可以用转移注意力的方法来帮助幼儿控制情绪。例如,孩子一直在看动画片,妈妈让他休息眼睛,孩子不愿意则开始闹情绪,这时候妈妈就要通过别的事情来转移孩子的注意力。如"你早上做的轮船不是拼好了吗?走,我们一起去做个大轮船!"幼儿兴趣和注意力很容易转移,马上会忘记原来的不愉快,高兴地跟过来。这样用游戏的口吻来提要求的话,孩子也比较容易接受。

(3) 冷处理。

有时孩子发起脾气来情绪很激动,一时难以说服,这时最好采取"冷处理"的办法。就是当孩子大哭大闹时家长可以暂时不理会孩子,等孩子冷静下来后再去跟他讲道理和提原来的要求。成人既不能无原则地放弃自己原来正当的要求去迁就孩子,虽然这样求得一时的平安,实则以后孩子哭闹的机会就会更多;又不能急于求成,马上要求孩子把是非弄明白,非让孩子服从自己不可,这样容易引起孩子情绪的对立,更加听不进道理。成人在解释之后,可以不理孩子的哭闹,一直到他停下来为止(也许要用30分钟或1~2个小时),再去抱他、安慰他,他才会慢慢发现,受到挫折时发脾气是没有用的,只有好好地讲道理,才能达到自己的目的。

24. 如何对待孩子的残忍行为

—— 不要忽视幼儿期的一些"反社会行为"

一般来说,孩子都是富于同情心的,但是有时也可见到一些孩子具有非常残忍的行为。这些孩子不尊重生命,经常伤害小动物,撕扯、踢打小动物等。有的用很残忍暴力的方法对待同伴,会咬、打同伴等等。类似这样的残忍行为是教育不当和环境影响造成的。这种行为若不从小及时纠正,孩子长大以后就会缺乏同情心,不关心自己的父母、长辈、同事,对社会缺乏责任感,是导致将来走上犯罪道路的隐患。据有关资料介绍,不少罪犯在幼年、青少年期都有过不同程度的残忍行为,所以这个问题必须引起我们足够的重视。

孩子会表现出残忍的行为,有如下一些原因:

(1) 为了引起关注。

幼儿被冷落后,为了获得他人的爱与关注而容易出现行为问题。一些父母由于工作比较忙,经常会忽视孩子,幼儿得不到父母关注和爱,就会用一些特殊的行为来吸引他们的注意。

(2) 发泄情绪。

孩子的残忍行为,往往是其受压抑感的一种表现。如果孩子的父母感情失和,经常吵架,或父母离婚后谁都不关心孩子,家中整天充满"火药味",孩子生活在其中就会感到受压抑,从而产生发泄的冲动,借对小动物和同伴发狠来暂时消除内心的不满情绪和压抑感。

(3) 自卑。

自卑感和受歧视感也是孩子残忍行为的原因之一。有的孩子长得不漂亮或有某种生理缺陷,在家里或幼儿园都会受到歧视;有的父母重男轻女,便认为女儿是个累赘,把怨气都发泄在孩子身上,孩子受到父母的冷落;也有的夫妻再婚,非血缘子女受到歧视,甚至是虐待等。这些往往都会使孩子产生自卑感,受歧视感,而借残忍行为来证实自己的"强大",消除内心的压抑,以寻求畸形的心理平衡。

(4) 环境影响。

一些孩子因为父母教养方式不当,有很强烈的自我中心,对小动物、同伴缺乏关心与爱。还有一些孩子在生活中听到太多暴力血腥的故事,看到太多类似的画面,久而久之就会影响孩子的行为表现。所以应限制儿童观看暴力片。

(5) 好奇心所致。

孩子太小,还不能对事物有正确的理解,而且也不会进行情感的迁移。有时候他们的残忍行为仅仅是因为好奇,比如孩子会好奇地把昆虫翅膀扯下来看看会怎么样呢?这个时候也会导致他们的残忍行为。

纠正孩子的残忍行为,根本的一条是要求成人必须拿出充分的时间和足够的爱,为孩子创造一个和睦、友爱的情感气氛。改变环境中的不良影响和纠正不正确的教育方法。父母和教师要热爱、关心、尊重每个孩子,特别是那些自卑感强的孩子,不能用体罚来对待孩子的缺点和错误。因为那样无异于用"残忍行为"来纠正残忍行为,有百害而无一利。给孩子观赏的影视节目也应有所选择,应避免暴力和血腥镜头的不良刺激。同时,也要注意纠正那些由于好奇心和求知欲而引起的残忍行为,因为若不向孩子讲明道理,会使孩子把残忍行为误解为正确行为。成人可以通过让孩子看健康积极向上的图书、影视节目、参观自然博物馆、动物园,让孩子了解有关动物和昆虫的知识,将孩子的好奇心和求知欲引导到正确的轨道上来,让孩子更富有同情心,让世界充满爱。

25. 爱弄坏物品的孩子

——幼儿的破坏性行为

"六一"儿童节爸爸妈妈送给钢钢一个遥控玩具小汽车,钢钢拿到玩具后迫不及待地操纵起来,只见小汽车一会儿前进,一会儿倒退,一会儿左转,一会儿右转。可是等妈妈烧好饭进房间叫他吃饭时,却见小汽车已被拆坏了。幼儿常把玩具等物品搞坏,把书撕烂……对诸如此类的"破坏性行为",不少父母深感头痛,有的因此而打骂孩子,有的束手无策,就此不给孩子买玩具图书,以示惩罚。其实成人应先冷静地分清什么是真正的破坏性行为。有些孩子的行为,从表面上看是破坏性的,但分析其目的却是建设性的、有意义的探索行为。因此,父母必须具体分析导致幼儿"破坏性行为"的原因,有的放矢地进行教育。

(1)由不良情绪产生的行为。

幼儿也会有敌对情绪,他们发泄这种情绪的渠道之一就是搞破坏报复。有的孩子经常受到同伴或成人的欺侮和讥笑,自己又缺乏说理、辩解的能力,因而便采取偷偷地搞一些破坏行为来报复。如果孩子经常受批评,得不到鼓励,便会自暴自弃。

还有的孩子因为一些事情产生了不愉快的情绪。他们通过摔东西、敲打东西、乱丢东西等行为可以发泄自己的不满情绪。当他们受到挫折而极度烦恼时,往往就通过破坏性行为来发泄怒气。

对于这些孩子,成人首先要消除他们的敌对和不愉快的情绪,安慰他们,另一方面帮助他们懂得搞"破坏"并不能表示自己强大,也不能发泄坏情绪,要爱惜物品,否则只能更加失去大家的尊重和喜爱,只有经常为大家做好事,才能得到大家尊重和喜欢。

(2) 由好奇心引起的探索行为。

有的孩子拆坏玩具,是想了解它的内部构造或某方面的功能,如钢钢拆坏汽车是想知道它怎么会开动,又是怎么听遥控器指挥的。有的孩子把闹钟拆开,想了解它怎么会响的。应该说,这些都是幼儿想通过"破坏性行为"来满足自己的好奇心,以增进知识的一种探索行为表现。父母首先应该积极支持、鼓励和保护孩子的这种好奇心和求知欲,但也要告诉孩子一些知识和道理,同时也应让孩子明了,在他们"破坏"一些物品或玩具以探个究竟之前最好先问问父母,可以从父母那里得到一些答案,也可以和父母一起对玩具或物品进行"研究"和拆卸,不可以自己随意妄为,这样容易出危险,对安全不利。

(3) 为了炫耀自己"能干"。

有的孩子错误地认为,打碎玻璃、损坏他人财物是一般孩子不敢干的,而自己却干了,便以此作为向人炫耀的资本,认为自己比谁都能干,是"大英雄"。对于这些孩子,成人要帮助他们分清"英雄"和"强暴"、"野蛮"的界限,使他们懂得损坏他人财物是一种"强暴"、"野蛮"的不文明行为。

当孩子的破坏行为较严重时,究其原因一般是家长的陪伴和关怀不够。他这样做是希望引起父母的关注,家长不要对孩子说"不应该做什么",而是告诉孩子:"好孩子应该怎样做。"家长也应该拿出专门的时间陪伴孩子,多与孩子一起玩耍游戏,用陪伴孩子玩耍来替代对孩子破坏行为的关注。另外,家长还应该帮助孩子学会宣泄情绪的正确方法。比如:打枕头、画图、唱歌等。

总之,要热情、耐心地引导和帮助有破坏性行为的幼儿认识自己的错误行为并加以克服,要尽量减少压制和惩罚,以免他们的"破坏性行为"造成更严重的危害,影响幼儿身心的健康发展。

26. "不给我玩具,我就抢!"

—— 如何对待幼儿攻击性行为

攻击性行为是有意伤害别人且不为社会规范所许可的行为。它在儿童身上很常见。强强在幼儿园里是老师和同伴心目中的"危险人物"。他会在别人玩的时候突然把别人搭好的东西推倒;会在小朋友排队做操的时候,故意把脚伸出去绊倒别人;有时也会抢别人的玩具,抢不到就打得人家"哇哇大哭"。为此,其父母疲于应付老师、小朋友和邻居的告状,伤透脑筋,甚至怀疑孩子是不是有心理问题。实际上每个孩子在成长过程中都会出现程度不同的攻击性行为。例如,2~5

岁的孩子看到自己的食物或玩具被人拿走时,会生气地恐吓对方,表现出愤怒的表情和挑战的姿态,如果对方不理会,他就会冲过去攻击对方。幼儿产生攻击性行为有如下原因:

(1) 环境的因素。

现在幼儿大多数是独生子女,缺乏同伴间的交流,不利于幼儿社会化的发展,同时信息化社会又会通过不同渠道给儿童输入大量信息,这其中不乏对幼儿不利的信息。虽然每个孩子都会出现一些攻击性行为,可有的孩子攻击性行为较多,且攻击方式激烈;有的孩子很少出现攻击性行为,甚至在受到别人攻击时也不还手,这些差别是孩子不同的生活经历造成的。

(2) 父母的行为和教育方式。

行为不是天生而是通过学习获得的。父母对幼儿教育方式会大大影响幼儿的行为。如果父母对于孩子的教育方式是以打骂、体罚为主,那么孩子会变得易怒。如果家长平时的行为方式也表现出许多攻击性行为的倾向,那么孩子势必会模仿这个"榜样"。还有的父母对于幼儿的行为视而不见,这对孩子的行为就是一个强化。如果一个孩子抢另一个孩子的东西,被攻击者哭着躲开,攻击者得到了自己想要的东西,下一次就会对同一个孩子或别的孩子再采取攻击行为来达到自己的目的。在这种情况下,父母如果不予干预,被攻击者又退缩,会促使攻击者采取更多的攻击行为。相反,被攻击者一旦采取对抗别人攻击的行为而获胜,他就会觉得只有这样才能不受欺侮,因此他也就逐渐学会了攻击行为。

对于孩子的攻击性行为,成人一般是以压制为主,这与我国传统文化强调"和为贵"、强调"温良恭俭让"的谦谦君子风度有关。但也有一些家长对自己孩子的攻击行为采取听之任之甚至是鼓励的态度,他们认为要让孩子将来在激烈的社会竞争中站得住脚,就要从小培养孩子这种"横冲直撞"、不怕一切的脾气,将来才不会吃亏,不会被人欺负。其实,这样做是把进取性和攻击性混为一谈。孩子的进取性是应该鼓励和培养的,它是以不伤害别人为前提,以社会可以接受的手段来达到目的的,这能使孩子将来更好地适应社会发展和竞争的需要,而攻击性行为却是不惜损害别人的利益及生命,达到自己取胜的目的。如果家长对攻击性行为不予以正确引导的话,将影响孩子良好个性的发展。

要矫正孩子的攻击性行为,成人不能简单地用体罚的方法,这种体罚可能会使孩子出于对成人的惧怕,暂时压抑自己的攻击行为,但多次以后便会失效,甚至于会表现出更为严重的报复性攻击行为,也有的会出现焦虑、忧郁或暴躁等精神症状。正确的做法是以冷静的态度解决孩子间的纠纷。可以用讲故事等方法进行正面引导,让孩子明白同伴间应该互相关心、友爱、帮助。发生矛盾时应通过商量、说理的办法来解决。当孩子有了一定的是非观念,在分清冲突双方孰是孰非的基础上用友好、谅解、谦让的方式解决矛盾就较容易了。但家长在处理时,对无理取闹的孩子不能为了"息事宁人"、"耳根清静"而随便予以妥协或放任,不能给孩子留下"进攻者占便宜"、"谁凶谁合算"的印象。这是周围成人,特别是攻击者的家长应当引起重视的问题。

27."大灰狼来了!"

——如何帮助幼儿克服恐惧

几乎每个孩子都有自己恐惧、害怕的东西。例如有的孩子怕黑,有的孩子怕水,有的孩子怕打针、怕警察、怕大灰狼、怕小动物等等。如果儿童的恐惧持续几个月或几年,就会演化成不同程度的恐惧症,并持续到成年,影响他们的日常学习与生活。心理学研究表明:处在不同年龄阶段的儿童所惧怕的东西也不尽相同。作为孩子的第一任教师,父母有必要了解并采用相应的方法来帮助儿童战胜恐惧,使他们的心理健康发展,更好地迎接未来生活的挑战。

0~1岁的孩子还无法形成物体的恒常性概念,对于他们来说,一件东西如果看不见了,就表示它永远地消失了,再也不会出现了。因此,他们非常害怕母亲的"消失",以至于显得很"缠人"。这时家长可以利用"藏猫猫"的游戏来帮助孩子克服这种恐惧。孩子长到1岁以后,往往会变得更为"缠人",同时还会显得很"怕生"。这一情况通常要持续到3岁左右。这种依恋母亲的现象在儿童的心理发展过程中是十分正常的。对于这种情况,做母亲的可以顺其自然,尽可能让孩子偎靠在自己的身边,让他们充分体会到安全感,同时还要注意,千万不要让孩子在没做好心理准备之前就从事一项他害怕的活动。如医生给孩子打针,孩子害怕极了,大吵大闹,常见到有的家长一边打孩子,一边按住孩子的身体,强行给孩子打针,以至于后来孩子再也不愿迈进医院的大门,甚至于看到穿白衣服的医生、护士都吓得发抖。正确的方法是让孩子做好充分的心理准备,不应骗孩子"打针一点儿也不疼",而应告诉他真相,"我知道打针有点儿疼,但只是一两秒钟的事,而且妈妈会一直在你身边陪着你。"

3~6岁孩子由于想象力的飞速发展和日常生活经验的逐渐丰富,会突然开始相信并害怕他们凭空想象出来的一些东西。如床底下的怪物、衣柜里的魔鬼、浴室里的蛇、童话里的巫婆等。与此同时,他们也开始变得非常怕黑,有些孩子甚至由于害怕梦见这些东西而不敢入睡。

对于幼儿的恐惧情绪,家长应该怎么办呢?

(1) 成人不要吓唬幼儿。

正如上述所述,3~6岁的幼儿开始想象一些不存在的东西,这些让他们产生了恐惧的情绪。当孩子开始害怕这些自己臆想出来的事物时,家长可以鼓励他们说出自己害怕的是什么,并且肯定他们所说的那种东西是不存在的。因为不论你怎样解释,这一阶段的儿童都无法正确地区分幻想与现实。有的成人为了让幼儿战胜恐惧的情绪,会故意装神弄鬼来吓唬幼儿。虽然它能及时地制止幼儿的行为,但是却给幼儿带来更加深层的恐惧。久而久之让孩子变得胆小、多疑。再比如孩子看到一只大狗,非常害怕,这个时候家长不能说"看,狗来咬你了!快跑!"等这类话,而应当说"这只可爱的小狗,摇头摆尾,汪汪直叫,它在向我们问好呢"。

(2) 成人要为幼儿做好的榜样。

父母与幼儿生活密切相关,在生活中,父母要表现得勇敢、大方、做事得体。并且能够在幼儿害怕时表现出勇气,懂得安抚孩子的情绪,成为他的有力支持和后盾。

(3) 成人要理解孩子恐惧的情绪。

成人要对孩子的恐惧情绪抱以正确的态度。比如孩子怕黑,家长要理解,要安慰孩子,比如"有妈妈在,宝宝不怕!"不能说"怕!这有什么好怕的?"并且通过一些游戏帮助孩子克服恐惧的情绪,比如跟孩子一起在黑暗中玩"找东西"的游戏,使孩子充分熟悉房间里的东西,知道床底下、衣柜里、浴室里都有些什么东西,而不再担心魔鬼和怪物会藏在那里。此外,家长还要多带幼儿接触自然和社会,多为幼儿讲解一些知识,这样儿童知识经验丰富了,就不会因为太多的未知和不确定感到恐惧。

实践证明,儿童战胜恐惧后,会形成巨大的成就感,这对于他们的心理发展具有重要的意义。

28. "死"可怕不可怕

——对幼儿正确进行"死亡"教育

5岁的明明和爸爸妈妈去参加爷爷的追悼会回来后,突然问妈妈:"爷爷为什么在那里睡觉,不和我们一起回家呢?"爸爸说:"爷爷已经去世了,再也不能回家了,再也不能陪你玩了。"到这儿,明明开始哭闹,"我不要爷爷死!""爷爷为什么会死?""爸爸妈妈会死吗?"……面对一连串的问题,爸爸妈妈面面相觑、无言以对。

通过直接或间接体验,幼儿在3~5岁时便开始对死亡产生好奇。根据相关问卷调查,大约一半以上的5~6岁幼儿会向家长提到关于死亡的话题。在这一时期成人淡化、回避话题都不是积极的态度，而应该直面问题，对幼儿进行正确的引导和死亡教育。

首先，家长应了解不同年龄段幼儿对于死亡的不同理解。根据心理学家的研究发现，幼儿对死亡的理解可大致分为以下两个阶段：(1)3～5岁的孩子觉得死亡是可逆的、暂时的，就像卡通片一样，还常将死亡与睡着或旅行相联系，因此有时会害怕睡觉。(2)5～9岁的孩子渐渐能够理解死亡的概念，但他不知道死亡会发生在每个人的身上。

基于此，成人可以结合生活情景，对幼儿进行死亡教育。例如让孩子亲身感受四季转换，观察叶子有发芽凋零，花朵有花开花谢。有一位临床心理咨询师曾经选择让孩子自己种植物，在花开花落中明白"花谢便是死亡，但另一朵花又诞生了"。另外，很多幼儿喜欢养宠物。宠物的去世往往是幼儿第一次接触死亡，成人不妨抓住机会，让幼儿明白小动物死亡是因为生病导致心脏停止工作，小动物死了，就再也不回来了。同时成人可以和幼儿一起回忆照顾小动物的过程以及小动物带给大家的快乐。在这个过程中让孩子体会那是过去的事情，并且一起接受小动物死亡的事实。从而，让孩子明白生老病死是生命的自然过程，不是一件可怕的事情。再者，在孩子们喜欢的图书和动画片中，也经常会有死亡的发生，成人可以与孩子一起阅读、观看这些故事情节。幼儿可能会随着故事中主人公的去世而哭泣，这恰好是幼儿"演练"悲伤的时机。通过类似《爷爷有没有穿西装》等绘本故事，让孩子通过移情，与主人公布鲁诺一起经历悲伤难过，但最后明白，心中的爷爷就像照片上那样微笑着，继续活在自己的记忆中。这样的模拟情绪体验对于孩子将来面对真实死亡情境有良好的铺垫作用。

而当生活中面临真实的死亡事件时，成人应该强调，这是一种生命的自然历程。同时让孩子明白我们与死者之间的爱是不朽的，可以永远延续的。

如果成人不能正确地疏导孩子关于死亡的困惑，甚至说出类似这样的话，"你再不听话，妈妈就死掉了，再也不回来了"，"你再闹，我就让妖怪把你咬死"，那么不仅不利于孩子正确理解死亡，也会加剧孩子对死亡的恐惧感，使孩子将"死亡"与"害怕"、"痛苦"、"受拒绝"等消极情绪联系在一起，不利于幼儿身心的健康发展。此外，一些不健康的动画片，充斥鬼怪、凶杀的场景会使年幼的孩子毛骨悚然，不利于他们形成正确的死亡观点，因此成人必须要对他们进行正确的指导。研究证明，当幼儿由他们信赖的父母用安全的方式引导，不仅能帮助幼儿缓解消极情绪，还能使他们不那么一味惧怕死亡，并形成正确的观点。

29. "妈妈,我是怎么生出来的?"

——如何同幼儿谈论"性"

"妈妈!我是怎么生出来的?"当孩子用天真的眼神看着你,渴求答案时,你是怎么回答的呢?年轻的父母面对这些和"性"有关的问题,大多感到尴尬、棘手,不知如何回答。在许多家庭,父母往往采取回避的方式,或者回答,"你是从垃圾堆里捡来的""以后上学了,老师会告诉你的……"倘若孩子继续追问,"不要问了!等你长大了就会知道了!""噢……"就这样,孩子本该接受的性教育,在一声"噢"后,结束了。

事实上,成人不该回避孩子的此类问题。随着年龄的增长和孩子身心的发展,他们自然就会产生一些有关性方面的问题。到了4~5岁时,幼儿不仅会对自己的身体感到好奇,而且也会想了解他人的身体,这就是孩子对性知识最初的渴求。倘若此时,成人不能满足孩子的好奇心,只会加深孩子对于未知领域的好奇与幻想。此外,如果成人面对孩子此类问题的态度是责备的,很容易让孩子认为"性"是错误的、肮脏的,从而使孩子对性知识认识不清。当幼儿想去通过自己的努力探求疑问背后的答案时,很可能会采取错误的行动或得出错误的结论,从而给孩子的成长带来伤害。因此,成人不要忌讳跟孩子谈论性,而是应该以健康的态度来面对。

成人开口和孩子谈性的问题时,千万不能用类似"捡来的"等回答来敷衍孩子,这样孩子觉得自己不是爸爸妈妈亲生的,会产生恐惧感。笔者认为成人应该运用形象生动的语言,向孩子解释这一科学过程:"爸爸妈妈结婚了,成为最最亲爱的人。爸爸的一个细胞和妈妈的一个细胞合在一起,就是一个很小很小的你,最初小到连眼睛都看不见。后来慢慢长大,长出了头、脖子、身体、手和脚,变成了一个胎儿。在妈妈的肚子里有一个专门给胎儿住的小房间,你就住在那里,越长越大。等到十个月了,妈妈的肚子里住不下了,妈妈就像猫妈妈生小猫一样把你生出来了。"通过这样的解释,不仅可以满足孩子的好奇心,让孩子明白自己是从哪里来的,可以通过强调父母之间深厚的爱、父母对孩子强烈的爱,让孩子感受到自己是生活在一个爱意满满的环境中的。一般情况下,面对家里的女儿,都由妈妈进行性教育,面对儿子,则由爸爸进行性教育。但心理学家认为,孩子往往是通过对异性的认知而形成健康的性观念的。因此,专家建议:父母双方应该共同对孩子进行或进行交互教育。

在平时生活中,如果遇到动物繁衍,成人可以抓住机会向孩子解释生育之谜。遇到怀孕的阿姨,成人可以向幼儿说明:"阿姨的肚子里住着一个小宝宝。你小的时候,也是这样住在妈妈的大肚子里的。"

倘若遇到孩子玩弄性器官,成人应该用平和的语气(切忌态度粗暴或武力强行制止)让孩子明白性器官的名称,明白这是人不可缺少的、美好的一部分。但是性器官是不能随便摸的,也不能让别人摸(尤其是女孩子)。

在幼儿的成长过程中,性教育问题对每个父母来说都是一个不可避免的问题。既然如此,不如让我们用坦然的心态来面对、正确引导,为孩子开辟出一片纯净的"性"天空,从而使幼儿的身心发展都能汲取健康的养分。

30. "娘娘腔"和"假小子"

——谈幼儿的性别倒错

在日常生活中,有时会见到一些年轻的父母给儿子穿裙子,留长发,玩芭比娃娃。男孩子说话细声细气,在幼儿园也喜欢与女孩子玩。每当家中来客或家人团聚时,还故意问孩子:"你是男孩还是女孩?"当孩子说自己是女孩时,逗得全家人大笑一番。孩子也因博得众人的欢心而洋洋得意。可是这样的男孩子被外人取笑为"娘娘腔"。同时,也有些父母由于重男轻女思想,给女儿剃个男孩头,穿男孩子的衣服,玩刀、枪、棍、棒类的玩具,俨然一个"假小子"。这些有意无意的教养方式,实际上给孩子带来了严重的心理危害。

研究证明,人的心理性别与生理性别不完全是一回事。生理性别是在染色体控制下在胎儿发育早期形成的,而心理性别则是幼儿在外界环境的影响下形成的。因此,上文中提到的例子就是"性别倒错"。即男孩子表现出过分细腻,缺乏男子汉的气魄;女孩子表现过分男孩子气。这是与传统意义上认为的男孩子该有阳刚之气,女孩子该有阴柔之美相违背。

导致幼儿性别错位,主要有以下原因:

(1)生理因素。一些医生认为,影响大脑对男女性别行为的控制是由于性激素的存在。倘若母亲在怀孕期间为了避免流产而注射过雄性激素,则可能使腹中的女孩先天雄性激素过多,从而使出生后的女孩具有更多的男性行为特征。而男孩也可能因为不能充分利用体内的雄性激素,导致更多的女性行为特征。

(2)父母的养育方式。如前文所述,将男孩当作女孩教养,将女孩当作男孩教养。

(3)缺乏同性认同。由于父母离异或其他各种原因,导致在孩子的成长过程中,常常是一方照顾为主,而缺乏双亲的同时照顾。倘若男孩子主要是由母亲(或其他成年女性充当的母亲替代人)照顾,而身边又没有亲密、可信赖的成年男性,则男孩较容易呈现模仿女性行为举止的倾向,出现女性化行为特征。反之,如果女孩子主要是由父亲(或其他成年男性充当父亲替代人)照顾,而身边又没有亲密、可信赖的成年女性,则女孩较容易呈现模仿男性行为举止的倾向,出现男性化行为特征,导致性别倒错。

父母应该意识到,性别角色的认同对幼儿的健康成长非常重要。据心理学家分析,一些青少年出现错误的性意识、同性恋倾向、变性等事件的原因,都可以追究到童年时期的性别倒错。因此,从幼儿2~3岁起,父母就应该在生活中注意培养孩子正确的性别角色认同。

一是树立良好的性别角色榜样。父母是孩子最亲密、最信赖的人,也是最佳的性别角色榜样。幼儿可以从妈妈身上学习到温婉、细腻等女性角色的行为特征,从爸爸身上学习到勇敢、坚强等男性角色的行为特征。同时也意识到男性和女性衣着打扮的差异性。同时,父母也可以通过童话故事中的人物角色向孩子解释不同的性别角色所具有的特征。

二是帮助孩子形成性别角色。父母可以利用各种游戏和生活情境来帮助幼儿形成以及强化性别角色。在幼儿的装扮游戏中,让他们学习哪些是男孩子做的,哪些是女孩子做的,并鼓励女孩子模仿妈妈做的事情,男孩子模仿爸爸做的事情。此外,在生活中,遇到男孩子打针,父母可以强调:"你是勇敢的男孩子,不哭。"遇到摔倒,父母可以强调:"勇敢的男孩子,自己爬起来。"

如果,运用上述方式仍无法纠正孩子的性别倒错,那就应该向专业的心理医生寻求帮助了。总的来说,对于幼儿的性别倒错,成人应该防患于未然。3岁以前的孩子具有较强的行为可塑性,成人应充分利用这段时期,形成幼儿正确的性别角色,为孩子将来身心健康发展打下坚实的基础。

31. 孩子为何总是烦躁不安、心绪不宁

—— 不要忽视幼儿的焦虑症

年轻的父母在养育宝宝时,常常会碰到这样的情境:幼儿常常黏着父母不放,当成人去洗澡或是上个厕所,他就开始放声大哭,成人不得不赶紧回到他的身边,才能平息幼儿的哭闹情绪。这种现象,在心理学上被称为"分离焦虑症",从属于焦虑症的一种。一般2岁前的幼儿与依恋对象的分离,会引发分离焦虑症状。2岁后症状会逐渐减轻。当幼儿进入幼儿园,或者搬家,环境的改变会再次引发焦虑症。

儿童焦虑症是在幼儿时期发生的发作性紧张、莫名恐惧与不安,并且伴有自主神经系统功能异常的一种情绪障碍。当焦虑症发作时,患儿表现为过度烦躁、焦虑

不安、睡眠不好、做恶梦、讲梦话、食欲不振、心跳、气促、出汗、尿频、头痛等植物神经功能失调症状。患儿夜间往往不敢单独睡觉、怕黑暗，常需妈妈陪伴。在患有焦虑症的患儿中，以女孩偏多。

常见的幼儿焦虑症为以下两类：

一是分离性焦虑。这在学前儿童中较为常见，主要表现在新入园时。当幼儿与依恋对象分离后，面对陌生的环境、陌生的人，往往会表现出心绪不宁、大哭大闹、无心学习。

二是期待性焦虑。由于不恰当的教养方式，成人片面追求结果，从而对幼儿的期望过高。幼儿怕达不到家长预期的要求，受到父母的责备，因此心理压力过大，出现紧张、焦虑等不稳定情绪。

焦虑症通常会对幼儿的智力发展产生不良影响，并且容易导致抑郁、孤僻、自卑等心理疾病的产生。但由于患焦虑症的幼儿有时也表现得安静、顺从，导致成人忽略这安静、顺从背后的心理障碍。因此，成人应该提高警觉性，注意观察孩子的种种表现，当发现孩子有焦虑症的某些迹象时，应予以科学引导，以尽可能地及时纠正或减轻症状，使孩子早日摆脱困扰。

首先，成人应该弄清楚使幼儿产生焦虑情绪的原因。例如，对于害怕上幼儿园的孩子，家长可以在入园前，带领孩子参观幼儿园，让孩子感受幼儿园小朋友的快乐，从而将"幼儿园"与"快乐""交新朋友"等积极的情绪之间建立联系。对于搬家焦虑的幼儿，成人除了可以提前带领孩子感受新家附近的街道、社区外，还可以为孩子准备一个大箱子，让他们自己收纳喜欢的玩具，千万不要丢弃幼儿青睐的旧物品。这样通过孩子的亲身参与，不仅转移了注意力，也可以让孩子想到在新家有熟悉的物品陪伴，从而减轻焦虑感。此外，成人也可以带领幼儿来到户外，在阳光、绿树、草地的环境中，适当参加体育锻炼和游戏活动。通过户外活动，不仅可以使孩子遗忘焦虑情绪，也可培养孩子独立、勇敢的个性。这些个性对于克服焦虑症状具有重要的作用。

几乎每一个幼儿对新环境、新事物等都有不同程度的焦虑和恐惧感。随着时间的流逝，等幼儿对环境彻底熟悉后，那些消极情绪自然会消失。而对于那些焦虑症状比较严重的患儿，只要通过专业心理医生的帮助，寻找并剔除引起焦虑的因素，幼儿也会逐渐恢复。总之，对于父母而言，最关键的是要为幼儿营造一个温馨、快乐的家庭氛围和生活环境，这是孩子远离焦虑症、心理健康成长的最重要前提。

32. 动个不停、不安分的孩子

——儿童多动症及其矫正

儿童多动症又称"轻微脑损伤综合症（MBD）"，也叫"学习技能障碍症"，是一种以行为障碍为特征的综合征。一般在儿童 7 岁前出现，典型发病年龄为 3 岁，症状可延续至成年。患儿男女比例为 5：1。多动症主要行为特征是：学习困难，成绩波动大；注意力不集中，易受外界干扰而分心；自控能力差，冲动任性，很少考虑行为后果；动作协调差，例如系鞋带、扣纽扣动作不灵活。

很多学龄前孩子，尤其是男孩子，淘气又好动，常常令父母担忧不已。但并不是好动的孩子都患有多动症。"好动"与"多动"的区别主要在以下几方面：(1) 有无目的性。好动儿童是有目的性的；多动症儿童是无目的性的。(2) 行为是否符合常理。好动儿童的行为是符合常理的，可解释的。多动症儿童的行为通常不符合常理，让人难以理解。(3) 是否具有普遍性。好动儿童并不是在每件事情上都好动，对于他们感兴趣的事情，往往能静下心来。多动症儿童则几乎没有场合可以安静下来。因此，成人不能随便就将"多动症"的帽子扣在调皮的孩子身上。"多动症"是需要专家根据专业的量表来诊断判定的。

导致多动症的病因至今无法确定，只是发现一些危险因素。

先天性体质缺陷。妊娠期间母亲酗酒、抽烟；早产或出生时体重过轻；父母患有精神病等遗传因素等；以上因素会不同程度地造成孩子先天性体质缺陷，从而导致多动。

铅中毒。研究发现一半以上的多动症患儿的血液中含铅量较高。这主要是因为患儿生活在空气质量较差的环境中，吸入汽车燃烧时排出的含铅废气或受到铅污染。

放射作用。儿童多动症与接受电磁和电子光束放射有一定的联系。

社会家庭因素。孩子所处的生活环境嘈杂不安、父母关系不和、母亲抑郁症、正常需求不被满足、经常受体罚等因素均有可能导致孩子多动症的引发。

对于多动症患儿的治疗主要可分为药物治疗、心理学治疗和综合治疗三种。

药物治疗。以前用来治疗多动症的药物主要有利他林、盐酸哌甲酯。现在随着对多动症治疗研究的进一步发展，又有了哌甲酯缓释剂和阿托西汀。多动症的症状不完全是"多动"，其中更为突出的症状是"注意缺损障碍"。对外界刺激，表现为警觉度较低，患者用多动来增加刺激的输入。所以，对多动症患儿使用利他林等神经兴奋剂能提高他对外界的警觉度。据统计，大约80%的患儿都能取得一定的疗效。药物治疗虽然效果明显，但也具有一定的副作用，因此需小心谨慎，因人而异，接受医生的专业指导。

心理学治疗。主要采用表扬、鼓励等正面诱导，通过一系列训练程序，强化患儿注意力集中持续的时间。在此过程中，可以采用"分散学习法"（将患儿的学习时间分成几个时间段，每隔一个时间段就让他休息片刻）、"及时评价法"（对孩子的任何细微进步都给予肯定和表扬，从而提高患儿的学习主动性）等方法，帮助患儿养成良好的行为习惯，增进其学习能力和社会适应能力。

综合治疗。先采用药物，使幼儿注意力集中。在此时间段，采用心理治疗，随后逐步摆脱药物治疗。

此外，挪威科学家开展了一个专门为多动症儿童制定的饮食试验计划。他们指出，患上多动症的儿童可能存在新陈代谢障碍，他们不能消化类似干酪素等蛋白质和谷类食品所含的麸质，最终导致大脑的智力损害。因此，对参加实验的23名4~11岁的严重多动症患儿改变饮食习惯，远离奶类和谷类食品。实验一年后，这些儿童的病情都有了明显改善。虽然，现在还没有证据证明多动症与蛋白质消化问题之间的必然联系，但他们的研究也能给矫正多动症多一种治疗选择。

多动症会对幼儿的学习成绩、人际交往等产生不良影响，患儿难以集中注意力，在不适当的场合四处跑动、攀爬，不愿意倾听他人，不能按规则参加游戏，无法按要求完成作业。因此，他们在幼儿园很难交到朋友，也经常受到老师的批评和指责。儿童多动症对个人、家庭、学校、社会等各方面都能造成程度不等的危害。因此，成人对于儿童多动症应多加重视，及时求助专业心理医师和专家医生，最大程度地减少多动症对幼儿健康成长带来的损害。

33. 活在自我世界里的孩子

—— 自闭症儿童的教育和训练

早些年，自闭症是一种在我国鲜为人知的病征。随着时间的推移，发病率逐步增高。自闭症又称孤独性障碍，是完全发育障碍中最严重的一种，其特征为社会交往障碍，言语及非言语交往障碍，感觉行为及行为异常。自闭症通常在患者3岁以前就能表现出来。症状具体表现为，孩子不愿和人交流，整天沉迷于自己的世界，多数孩子不开口说话，生活自理能力差，学习有明显障碍，接触新鲜事物的欲望和能力较弱等等，严重的还会有自残或暴力的倾向。

自闭症已成为儿童精神病学、特殊教育学、脑科学、心理学共同关注的目标。

2007年11月18日,联合国大会决议通过将每年的4月2日定为世界自闭症宣传日。英国为国内9万多适龄儿童开办了专门的自闭症儿童学校。目前全球约有3500万人患有自闭症,在我国约有患儿150万,其中男女比例为4:1。

如果在2~3岁的幼儿身上发生自闭倾向,应及早去医院确诊。目前对于自闭症的判定采用行为、心理、生理三层次综合评估的方法,避免使用单纯的医学评估、单纯的调查和单纯的观察方法。

自闭症的病因目前还不清楚,比较肯定的是与遗传、神经生物因素、生化因素、心理因素和环境因素等都有一定的关系。由于病因尚不清楚,没有针对性很强的特效药和治疗方法。下面列举的是比较常见的几种方法:

(1) 感觉统合训练法。感觉统合是指大脑将各种感觉器官传来的感觉信息进行多次分析、综合处理,并做出正确的应答,使个体在外界环境的刺激中和谐有效地运作。自闭症患儿普遍存在不同程度的感觉统合失调,表现为身体运动协调障碍、平衡功能障碍、结构和空间知觉障碍等多个方面。感觉统合训练法是通过科学的设计、特制的器材、游戏运动的形式为儿童提供大量的感觉刺激,促进其感觉统和能力的形成和提高。具体的方法有:通过推拿身体各关节、软垫运动、荡秋千等,使孩子自发能动地产生适应性反应。通过长期开展感觉统合训练,可以有效地改善自闭症患儿的静态平衡能力与动态平衡能力,从而增强身体素质,提高生活自理能力。

(2) 强化法。当患儿出现一种复合需要的行为时,家长应该及时鼓励和肯定孩子。鼓励和肯定的语言有助于强化幼儿的行为。当患儿出现问题行为时,成人应适当处罚,但避免使用强烈的体罚、威胁等容易伤害孩子自尊心的处罚方法。总的来说,处理行为问题的原则是:① 及时奖励良好行为;② 避免"无意中"肯定问题行为;③ 及时处罚孩子的问题行为。

现在,人们对于自闭症幼儿给予了越来越多的关注,同时也探索超声波治疗法。在墨西哥开设有专门为自闭症儿童服务的海豚治疗康复中心。和蔼可亲的海豚通过善意的举动亲近患儿,通过发出独特的高频率声音与孩子沟通,以此达到治疗的效果。该中心主任米萨埃尔·基罗斯博士说,"90%的患儿在经过短短的几次治疗后病情有了明显的减轻"。我国深圳海洋馆尝试利用海豚发出的超声波对自闭症儿童进行康复治疗。

有人把自闭症孩子称为"星星的孩子",每一个都如同降临人间的小天使,但那星星般清澈的眼神却始终不愿与人对视。自闭症患儿除了在相应的康复中心接受治疗外,更需要在家中通过成人的辅导,进行大量的重复训练。整个过程是漫长而又不确定的,需要成人极大的耐心。

学前儿童心理与教育120问

34．"感觉统合失调"是怎么一回事

 ——儿童感觉统合失调及其治疗

明明是个非常聪明的孩子，只是动作协调性较差，可是从幼儿园大班开始，出现多动、注意力不集中等情况。上学后，老师常常反映他上课不能认真听讲，随意下座位，招惹别的同学，因此老师只好把他安排在第一排，一个人坐。作业也常不完成或者丢三拉四。数学成绩还勉强合格，语文成绩较差，学习生字记不住，很短的课文读不下来。作文表达能力差，但到期末考试时父母给他突击复习一下，成绩也考得不错。父母带他到儿科医院去进行智力测验，其结果显示，他的智商并不低于同龄儿童，只是患了感觉统合失调症。父母迷惑了，这是怎么一回事？

人的大脑是精神活动和生理活动的"司令部"，受它的指挥，人的各种感觉器官形成了一个完整的、协调的系统。对感觉通道传来的各种信息进行分析、组织、综合处理和统一协调，从而完成各种复杂的心理与行为活动。受先天或后天不良因素的影响，这个系统不能正常而有效地工作时，就会导致某种感觉在大脑整合系统中不协调，表现出种种心理和行为问题及障碍，这就是感觉统合失调。

感觉统合失调主要表现有5个方面的内容：

（1）动作协调不良：指身体平衡掌握不好，容易摔倒，不能像其他儿童那样学会翻滚、骑自行车、跳绳。

（2）结构和空间知觉障碍：主要涉及视知觉问题，这类障碍的儿童可表现为对空间距离知觉不准确，左右分辨不清，容易迷失方向。

（3）前庭平衡功能失常：指儿童会好动不安，无法安静下来，注意力不集中，在学校里上课不专心。他们比一般孩子更容易给父母添麻烦。他们挑三拣四，无法与家人或其他小孩同乐，也很难与别人一起玩玩具或分享食物，不会想到别人的需要。

（4）听觉语言不良：听觉信息的良好统合，是婴儿理解语言的必要环节。听觉信息处理不良的婴幼儿可造成语言发育迟缓，此外还可能表现为急躁、注意力不集中。这类儿童不喜欢听别人讲话，容易忘掉老师教的功课。

（5）触觉敏感：触觉反应包括触觉防御和触觉辨认，两者都是触觉信息在神经系统内有效整合的结果。触觉是人类大脑学习能力不同于其他动物的最大因素。触觉信息在头脑中统合不良即造成触觉防御障碍，包括触觉防御过度或过弱，前者对环境变化过于敏感，后者往往缺乏自我意识，学习积极性低下。

感觉统合失调与多种因素有关，遗传、环境因素都可引起脑功能障碍，从而造成感觉统合失调。先天性因素主要有：怀孕期间母亲情绪过于紧张、剖腹产。后天因素有：过于溺爱导致孩子缺少锻炼的机会、缺少和同龄孩子接触的机会、社会知应能力差、运动能力不过关等。感觉统合失调与母亲文化程度关系密切，母亲受教育程度越低，儿童的感觉统合失调率越高，不和睦家庭儿童的感觉统合失调率（轻度与重度）显著高于和睦家庭儿童；父母期望值高者，感觉统合失调的少。

如果孩子患有感觉统合失调，父母就应当到专业人员那里咨询，并且在专业人员的指导下，每天坚持给孩子训练。例如：通过对儿童进行翻滚、爬行、单杠、双杠等的训练，可以促进神经生理的发展与控制，使儿童的身体躯干变得更有力量，可以锻炼肌肉张力、动作与耐力；训练儿童拍球与跳绳、跳弹簧床，使个体在生活空间的动作更为精密与敏捷。通过这些训练，儿童能在手、眼、脚的配合与协调方面大为加强，在动作的速度、方向、力量与变化等方面，也会更加成熟。训练儿童单脚跳、用足尖走步、旋转身体等。通过让儿童指认上、下、前、后及左、右手足的各种动作的配合及丢接球的游戏，达到培养孩子方向感的目的。

感觉统合失调训练起到了先天遗传和后天环境相互作用的效果，可以在极大程度上矫正由于失调而造成的心理行为障碍。因此，感觉统合训练结果为家庭、社会、学校提供了教养儿童的科学依据。值得一提的是：早期的感觉运动对人体的一生发展有着极其重要的意义。所以必须在幼年时期，及时调整感觉统合失调问题，为孩子的健康发展奠定良好的基础。

第二篇　智能开发篇

35. 关于智能知多少

——智能影响因素简介

目前,心理学界对智能的具体含义尚未形成定论,但实质都集中于抽象思维能力或有效解决问题的能力上。毋庸置疑,智能是由先天因素和后天因素共同决定的。且对于一般人而言,后天因素的作用更具有决定意义。值得一提的是,智能不是一成不变的,终其一生处在发展变化之中。

那么,影响智能发展的因素有哪些呢?概括而言,它们分别是遗传和环境因素。其中,环境因素又可分为早期环境、家庭环境、教育、生态文化环境因素。下面我们将分别加以简要说明。

(1) 遗传。

遗传从解剖生理上为智能发展提供了物质基础,提供了发展的可能性。研究表明,智商(IQ)是一个中度可遗传的属性,基因大约解释了人类 IQ 分数里的总变异量的一半。且随着儿童的成熟,基因对个体在 IQ 上的差异将起到更大的作用。

(2) 环境。

遗传所提供的基础和可能性,只有在适当的环境和教育的条件下,才能得以实现和发展。在此,我们仅举一例来说明环境的重要性:在整个 20 世纪,人们变得越来越聪明了。研究发现,从 1940 年开始,每过 10 年,各个国家公民的智商平均增长了 3 分,在这么短的时间内,有这么大的增长不可能是进化的结果,因此一定是环境造成的。普遍认为,是教育在世界范围的进步、人们营养与健康水平的提高(两个潜在环境因素。很多人认为,营养与健康对大脑和神经系统的发育起到了积极作用)这三个因素共同促成的。

因此,要发展幼儿的智能,简要来说,就是要做到优生优育。

36. 也谈智能培育的"内"与"外"

——智能培养的内容及家庭影响因素简介

简要了解了智能发展的影响因素后,我们来谈谈智能培养的内容(即我们要从哪几方面来培养)与影响智能发展的家庭因素。在此,提供以下几方面内容,以供参考。

(1) 促进孩子的动作发展。

动作是孩子从事其他活动的基础。孩子的动作能力与智能水平的提高是相关联的,一般地说,运动能力强的孩子其智能水平也比较高。尤其是对婴幼儿,培养他们手脚和身体各部位的活动能力是提高儿童未来智力水平的可靠途径,千万不能等闲视之。

(2) 促进孩子观察智能的提高。

观察是一种有目的、有计划、比较持久的感知客观事物的心理过程。幼儿观察智能的发展,对其获取知识、认识世界、发展智力及良好的心理品质有着极其重要的作用。培养幼儿用眼、耳、手、鼻等感官从外界迅速、准确、全面地注意和摄取信息的能力,是智能的重要内容。

(3) 促进幼儿口头语言发展。

幼儿语言的发展直接影响着思维的发展。幼儿期是学习口头语言的重要时期,有研究表明:1岁半时幼儿平均只有70个词汇,6岁时就能记住几千个词汇了。2~6岁是其重要培育期。

(4) 初步培养幼儿数学素养。

数学是现代科学技术的基础和工具,幼儿对数学有着浓厚的兴趣,对幼儿进行数学启蒙教育不仅是幼儿生活和正确认识周围世界的需要,且对未来的学习有着积极影响。

(5) 培养思维能力。

思维能力可以说是智能的核心。不光要记忆,还要启发孩子多想"为什么会这样","有什么道理呢"。让孩子把已经学到的知识运用起来,解决实际问题。

(6) 情绪智能的培养。

在现代,一个人的成功不仅取决于智商,更重要的是情商,因此,从小培养幼儿认识和表达自己的情绪,对其人生道路有着积极而重要的影响。

(7) 鼓励创造力。

发展孩子的想象力和创造力,肯定孩子独特新奇的想法。有创造力的孩子,发

展潜力特别大,将来才能创造性地生活。

上述所讲述的是智能培养的内容,即"内";然而,发展幼儿的智能,深深受到家长因素的影响,我们称之为"外"的东西。主要包括:

家长教育方式:我们可以简要地将家长教育方式分为民主型、专制型、溺爱型三种,研究发现,民主型对于孩子的智能等发展有积极作用,而其他两种都有负作用,因此,家长应树立与幼儿平等的观念,允许其表达并适当执行自己的想法,这对其发展具有积极影响作用。

父母教育态度是否一致:有研究表明,夫妻间教育态度一致性高,对孩子智能的发展具有积极的正向作用,相反,一致性低,则会让孩子遭受负面影响。因此,父母应互相沟通,取得一致,以促进幼儿智能发展。

家庭关系会影响子女智力:一些学者的研究表明,家庭关系越紧张,对子女的智力发展越会带来非常不利的影响。因此,家长应为子女创造和谐、愉悦的家庭氛围。

父母特点和行为影响子女智力:创造力是智力的核心,张庆林和Sternberg·R.J的研究表明,高创造力的儿童,其父母具有如下行为特征:父母富于表达性而没有驾驭性,父母、子女之间不隐瞒情绪;让孩子能自由地表达可能与其年龄不太合适的天真和稚气;父母双方都有独立性,不以婚姻家庭手段加强自己的地位;男孩子以父亲为模仿对象,女孩子则以母亲为模仿对象。这四点是高创造力和低创造力儿童父母之间的主要差异,对于家长具有很好的借鉴意义。

37. 运动与智能的发展

—— 浅谈运动对智能发展的促进作用

许多家长习惯地把儿童的智能理解为认多少字,背多少儿歌,会多少位之内的加法,把这些当成智能好坏的标准。其实这样理解智力和智力教育太片面了。智力是人们在获得知识以及运用知识解决实际问题中所具有的心理特性。智力不仅包括认知反应的特性,还包括有效地处理环境、快速而成功地适应新情况的能力。广义的智力还包括人的谋略、机智和灵活应变能力和与之相适应的感知觉及活动能力。

而体育活动使身体活动和思维活动密切配合,为幼儿发展智力、积极解决各种问题的能力提供了良好的机会。在体育活动中,幼儿通过自己的创造和想象力发展活动,并独立快速和机智灵活地处理活动中发生的问题,促使幼儿观察、注意、思维和想象力的发展。美国生理学家在对幼鼠做的一项实验中证实,适当的运动刺激可以有效地增强大脑的重量与皮质的厚度。而通过调查发现,在举行运动会的季节,孩子们完成各种作业的速度和质量都要较平时有明显的提高。

这是因为,运动促进了孩子肌体的血液循环和呼吸,脑细胞因而可以得到更多的氧气和营养物质的供应,使代谢速度加快,大脑的活动也会随之越来越灵敏。再加上锻炼时肢体动作的千变万化,也会促使大脑的各个部位快速地作出相应的机能反应,这犹如在为大脑神经做各种各样的"健脑体操"。

因此,家长不要以为开发幼儿智力只是教他认图、识字,而忽略运动能力的发展。要尽量为孩子创造适宜的环境、条件,鼓励他去活动、运动,从而促进智力和整个心理的发展。

此外,每天进行适当的户外活动,还能帮助孩子提高睡眠质量,增强记忆。在节假日里,在空闲时,家长千万别忘了带孩子到郊外或公园等场所进行健身活动,让他们充分地享受空气和阳光的沐浴。

最后,还可以针对自己孩子的具体情况开展专项运动。要知道,运动是一个系列,包括跑、跳、平衡等。可针对孩子发展中不足的部分,加以专项练习,例如,如果孩子平衡能力不好,可通过和孩子一起走平衡木等加以练习,以获得提高。

38. 你看,你看,月亮的脸偷偷地在改变

——幼儿观察力的培养方案

观察是人们认识客观世界的基础。享有国际盛誉的苏联生理学家巴甫洛夫甚至把"观察,观察,再观察"作为他的座右铭,把它刻在他的研究院门口的石碑上。观察力是智能的一个重要组成部分,观察力的强弱是智能高低的一个重要标志。因此,发展幼儿的观察力,对促进幼儿的智能,提高学习效果有着重要意义。

那么,我们该怎样根据幼儿的心理特点来培养孩子的观察能力呢?

(1)设法引起幼儿的观察兴趣。

家长要以自己的言语和情绪去感染孩子,引起他们的观察兴趣。例如,家长可在观察前对孩子说:"今天妈妈给你带来一件非常好的礼物,你要认真地、仔细地看,才能认识它",然后展现一盆要观察的绣球花。孩子立即兴趣盎然,在轻松愉快的气氛中进行观察。这样,观察起来就会注意力集中,获得的印象也较为深刻和牢固。

幼儿一般对色彩鲜艳、形象新奇、有声音、会活动的事物和现象感兴趣,根据孩子的这种心理特点,尽量让孩子多观察会活动的东西,而观察某一具体事物时,则应从孩子最感兴趣的部分入手。如观察植物,就要先从花开始,然后再引导他观察叶、茎、果等。

(2)开阔幼儿眼界,丰富其知识经验。

观察是否成功取决于孩子占有知识经验的多寡。知识经验不仅能使人深刻地

思考,而且能使人更精细地去感知事物。对同一对象进行观察,见识广、知识经验较丰富的孩子,观察就比较细致,学得就多。而孤陋寡闻、缺乏实践经验的孩子,尽管瞪大眼睛地看,所学的东西也不一定多,有时甚至还会出现错误。因此,家长应尽量让孩子多接触社会环境和自然环境。公园里的亭台楼阁,花草树木,虎豹熊猴;马路上的车来人往;商店里琳琅满目的商品;农村的田野房舍,牲畜家禽,粮食蔬菜等等,都是他们取之不尽的观察对象,能使他们开阔眼界,增长知识。

(3) 提出明确的观察任务,并教给幼儿观察的方法。

幼儿观察的目的性较差,提出明确的观察任务很重要。一个人如果无目的地去观察一切,就不能把自己的注意力很好地组织起来,有效地控制自己的知觉去服从已经提出的任务。结果,必然是对许多事物和现象熟视无睹,或看不到它们之间的千差万别。如果家长有目的地指导孩子注意观察,孩子就不会说错了。

幼儿观察的组织性较差,观察缺乏一定的顺序性和系统性。因此,要教给幼儿观察的方法,观察时要按由近及远,由简单到复杂,由粗略到细节的顺序进行。具体观察时要从整体到部分,从上到下,从外到里,从主要的、明显的特征到次要的、不明显的特征,一步一步地进行观察。这样才能看到事物各个部分之间的联系,而不致于漏掉某些重要特征。

(4) 注意发挥语言的指导作用,抓住事物的本质特征。

幼儿观察的时间随年龄的增长而延长,但初期往往不能持久,且易受别的事物的干扰而把注意力放在无关细节上;加之幼儿知识经验缺乏,观察时不能抓住事物的本质特点。如有的幼儿由于害怕被穿白大褂的医生打针,看到穿白大褂的炊事员、理发员也会放声大哭。因此,在引导幼儿进行观察时要注意发挥语言的指导作用。如在观察水萝卜时,就可以一边让孩子观察一边提问:水萝卜是什么形状的?它上面有什么?什么颜色?水萝卜的根又是什么样的?切开后问孩子:水萝卜肉是什么颜色的?让孩子尝尝,再问是什么味道?这样一问一答,使观察自始至终围绕着预定的目的进行,既培养了孩子的观察力,又锻炼了抽象思维能力。

(5) 多种感官协同活动,看、做、想、说相结合。

视觉在观察活动中占有重要地位,但它不是唯一的感觉器官。人的感觉印象77%来自眼睛,14%来自耳朵,9%来自其他感官。听觉印象在3小时后能保持70%,3天后保持10%;视觉印象在3小时后能保持72%,3天后保持20%;但如果同时使用视觉和听觉的话,则所获得的感觉印象在3小时后可保持85%,3天后仍可保持65%。因此,在指导幼儿进行观察活动时,应尽量调动幼儿各种感官积极参与认识活动,以提高观察效果。这样,既可使孩子获得多方面印象深刻的感性认识,还有利于培养孩子的多种能力。

39. 别忽略了间接观察的重要性

——现代科技在幼儿观察中的运用

除去直接观察外,家长还可以充分运用现代化技术教育手段,扩大幼儿观察的视野。有条件的家庭可以让幼儿使用显微镜、天文望远镜进行专门的观察,用实物投影仪把叶子放大进行观察,还可以使用各种实验手段辅以观察。

由于种种条件限制,孩子不可能事事、时时都能观察到实物。我们可以借助现代化科技手段,使用计算机进行多媒体展示,效果是很好的。家长可以根据需要制作光盘,如将几种动物图片组合在一起,然后在电脑中让幼儿进行比较,观察它们的异同。这样,就可以不受时间、地点、环境的限制,让幼儿进行生动、形象地观察。又如我们要观察四季的变化,这种比较性的观察,由于受条件和幼儿思维发展水平的限制,在自然界观察中短期内是无法办到的,但用电脑来进行观察就显得非常方便了。如果能教会孩子自己使用鼠标来操作,再配以声音、活动画面,会使观察活动更生动、形象,孩子们学习的兴趣一定会更高。因此,充分运用现代化技术教育手段,能发挥其独特的作用,并会收到良好的教育效果。

其实,无论是直接观察(直接借助感官进行)还是间接观察(利用各种材料、仪器进行),都需要创造鼓励幼儿观察的良好氛围。心理学研究证明,创造鼓励幼儿观察的良好氛围是培养幼儿观察能力的重要保障。在物质方面,我们应该为孩子的观察活动提供时间、空间和材料,使幼儿能够经常与周围环境接触,有充分的观察机会与条件。根据幼儿观察活动的需要,为幼儿提供场所、材料,使幼儿在参观、游戏、玩耍等活动中接触自然和社会,不断促进幼儿观察能力的发展。此外,在精神方面,要注重为幼儿创设一种宽松的、民主的气氛,给幼儿一定的自由度,使他们能自由地观察、思索、想象、选择,甚至作出决定。家长对幼儿的观察行为,应该以鼓励为主,适时地提出自己的意见与看法供幼儿参考。根据幼儿观察能力发展的情况,组织幼儿开展一些针对性练习,切忌一味压制和批评,以免压抑幼儿的观察兴趣和信心。

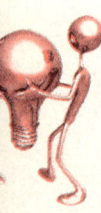

40. 孩子智能发展的有价值资料

——帮助幼儿做好观察记录

当孩子跨入学龄前时期,他们对自己的周围世界感到新鲜,充满着好奇心。周围世界发生的一切——刮风、下雨、雨后天空出现的彩虹,蚂蚁搬食,蝴蝶在花丛中飞舞,小蝌蚪的生长变化,照哈哈镜出现扭曲、多变的滑稽可笑的形象……对他们来说,都带有神秘色彩,富有极大的吸引力。明智的父母在这个时候总会不失时机地引导孩子对丰富多彩、气象万千的社会与自然现象进行观察,在他们通过观察获得大量感性认识后,成人应引导孩子学习做观察记录,记下他们的感受与体验,记下他们的发现与认识。这样做不仅能提高孩子对认识世界的兴趣、开阔孩子的眼界、巩固孩子掌握有关周围世界的粗浅知识,还能促进幼儿智能的发展,特别是观察力、记忆力、思维力与语言表达力的提高。

你一定会说:5至6岁的娃娃还不识字,更不会写字,怎么做观察记录呢?幼儿的观察记录并非让他们自己去写去记,而是要他们把自己看到的、感受的讲述出来,由成人代为笔录。在这里我把一个5岁的女孩参观了农科所后由她的母亲记下的这么生动的记录向你介绍:

"我和小朋友坐蓝色的公共汽车去农科所参观。在农科所我看见了暖房,暖房里有泥土,还有青菜、萝卜,这些蔬菜在暖房里冬天就不会被冻死了。

我还看到地里开着一朵朵白颜色的棉花,棉花可有用了,冬天可以用棉花铺在小鸟窝里,小鸟就暖和了。我的手破了,还可以用棉花擦血呢!

我们去看了养猪场,有一个农民奶奶带着两个孩子在看猪,她们住在一个很脏的小房子里。猪场里有黑猪和花猪,还有两头猪正在用尾巴赶蚊子,有些猪在玩,还有头猪在大便,臭得很。

我们看到一大群鸡被关在像动物园一样的笼子里。参观农科所,真让我快乐!"

当然我们还可以利用录音磁带录下你孩子的讲述。

无论是笔录或是用磁带录下孩子的讲述并把它保存起来,都是了解自己孩子智能发展的很有价值的资料。从每次记录中你可以发现孩子对哪些事物感兴趣,对哪些事物的认识还模糊甚至有错误;也可以了解孩子的观察是否细致,思路是否清晰,语言表达是否准确、流畅,发音有无错误;从而也就使家长能更有效地指导幼儿的观察和语言表达。

还可以让孩子画下他的观察结果。我们可以专为孩子设计天气记录表(见附

图),也可在台历每一日的纸片上画下这一天的天气。一个月以后再与孩子一起统计这个月份有几天晴、几天阴、几天雨或雪。这样不仅培养了观察天气的兴趣,也能有效地培养孩子的坚持性,做到一天不漏地坚持观察天气并作记录。也可以用画记下感受深的观察,比如画自己饲养的小蝌蚪和种的蚕豆生长发育的过程。

亲爱的家长,您不妨试一试,让孩子作几次观察记录,看看效果究竟如何。

月　　　　　　　　　天气记录

天气＼星期	一	二	三	四	五	六	日

☀晴　⛅多云　☁阴　🌧雨　❄雪

41. 帮您打造一个侃侃而谈的孩子
——幼儿语言培养的环境创设

幼儿期是语言发展的一个非常重要和关键的时期,在这个时期如果得到正确的教育,幼儿的语言将会迅速地发展。因此,在实际生活中,要给幼儿创设自由、宽松的语言交往环境,支持、鼓励、吸引幼儿与他人交谈,体验语言交流的乐趣,而发展幼儿语言表达能力的关键是创设一个能使他们想说、敢说、喜欢说、有机会说,并能得到积极应答的环境。具体可以从以下几方面着手:

(1)创设有利于幼儿表达的语言环境,使幼儿有话敢说。

宽松和谐的语言环境是幼儿学习与发展的基本前提,是调动幼儿有话敢说的自身动机和必要条件。它体现了成人与幼儿关系上的平等,体现了成人对幼儿人格的尊重,这样才能使幼儿有话敢说。对此,成人在日常生活中应以幼儿感兴趣的事物为切入点,通过各种感官直接感知,支持和引发幼儿表达的愿望,为他们提供畅所欲言的机会。鼓励幼儿大胆表达,与父母交流自己的观点、感情。如今天开不开心,为什么开心,为什么不开心等,提倡敢说先于正确。因为幼儿的语言能力是有差异的,成人应尊重幼儿的心理特点和心理需要,抓住时机,选择适宜的谈话内容、方式和场合,选择他们感兴趣的内容引发话题,鼓励幼儿的每一次表达,并让幼儿通过语言表达体验到语言交流的意义、成功和快乐。当幼儿词不达意或语句不太完整时,成人不要急于或者刻意加以纠正,以免给幼儿造成心理压力,给幼儿以挫折感或压抑感,从而失去说话的主动性、积极性。因此,鼓励幼儿敢于表达自己的观点甚至比幼儿说得是否正确更为重要。

(2)丰富幼儿的生活经验,使幼儿有话可说。

丰富的生活内容与经验是幼儿语言表达的源泉与基础。只有具备了丰富的生活经验与体验,幼儿才会有乐于表达和交流的内容,才会有话可说,有话要说,才会清楚地说出自己想说的事。家长应有意识地丰富幼儿的生活内容,提供促进语言发展的条件,帮助他们积累生活经验。在实践中认识世界,发展幼儿的语言表达能力。如引导他们观察大自然中的日出日落、风雨雷电、花香鸟语、春夏秋冬……教幼儿体验生活中的喜怒哀乐,大自然中的一草一木、一山一水都可以成为幼儿的观察对象,生活中的每一种情绪、每一个活动都可以成为幼儿体验的内容,因此这就需要做个有心人。比如在冬天的下雪天,让幼儿去接雪花,实际观察雪花的形状,数一数雪花有几个瓣。观察雪花是一片片,一团团飘落下来的。引导幼儿欣赏房上、树上、地上是白茫茫的一片,美极了。然后向幼儿提一些启发性的问题:"这茫茫的白雪像什么呀?"有的幼儿说:"像雪白的棉花。"有的说:"像白糖。"有的说:"像厚厚的毯子。"幼儿根据自己的生活经验去形容白雪,欣赏雪景,丰富了词汇,发展了想象。春天,教师可带幼儿去种植,让幼儿亲自动手实践,从中得到丰富的印象。带幼儿松土、选种、种植、移植……在做每一项工作时,都是边干边讲,使幼儿知道这种劳动叫什么,相应地丰富幼儿词汇。通过这些活动,不仅丰富了知识,也陶冶了情操,使幼儿充分感受到大自然的美,感受到自然界千姿百态的变化,幼儿的生活经验丰富了,思路也就开阔了。让幼儿动手、动脑、动口,在直接感知中丰富知识和发展语言,使幼儿有话可说。

(3)抓住生活中的各种表达机会,使幼儿有话愿说。

在实际生活中,幼儿随时有表达自己意愿和感受的要求,家长应关注幼儿的想法,满足他们的需要。抓住生活中各种表达的机会,鼓励幼儿表达自己的想法和感受,使幼儿有话愿说。同时养成幼儿注意倾听的习惯,发展语言理解能力。如让幼儿在讲座中学会倾听与表达,在争执中学习围绕话题进行辩论,在聊天中学会相互交流,让幼儿在与家人的交流中感受说的乐趣,而这种快乐的情感体验又会促使幼儿乐于交流与表达。利用与同伴和成人之间相互交流的机会,促进幼儿语言的发展。同伴间的相互作用是幼儿学习的重要途径之一,同伴之间的相互交流、学习可以促进幼儿语言的发展,如两个幼儿为一件玩具发生了矛盾,一方想从对方手中拿到玩具,另一方则千方百计不让对方拿走。双方在交往过程中都会根据对方的态度和行为选择交往的策略,调整语言与他人沟通,以达到自己的目的。因此,家长应为幼儿提供与同伴交流的机会,使幼儿在交往中感受语言交流带来的乐趣,切实提高语言能力。总之,家长应给幼儿提供多看、多听、多说、多练的机会,创造多看、多听、多说、多练的环境,培养幼儿正确的发音,吐字清楚,丰富幼儿的词汇,并能正确运用,教幼儿逐步按照汉语语法规则讲话,提高语言水平。

42. 当孩子出现语言问题时，你怎么办？

——一些实用语言教育策略的简介

幼儿的语言是在实际的语言交流中发展起来的,幼儿语言的发展水平不同,在倾听、表达的过程中表现也不一样。家长在遇到具体问题时,应因幼儿而异,因势利导,在此,提供以下几种教育策略以供参考：

（1）当幼儿发音不清楚时不急于纠正。

幼儿语言器官及其机能的发展还不够完善,个别字、句说不清楚很自然。幼儿语言的发展是在交往的过程中实现的。家长如果不了解此种情况,一味地纠正幼儿说话时的发音,幼儿非但一时难以发清楚字音,还会因此丧失说话的勇气和信心,影响语言的发展。因此,当幼儿发不清楚字音、说不清楚语句时,我们不要急于纠正,也不要一味放任,而是要在鼓励为主的前提下,变换场合与方式,让幼儿在不经意间学习、模仿正确的发音,改正自己表达时欠妥的地方。

（2）当幼儿答错问题时不马上予以否定。

观察发现,幼儿答错问题有多种原因：有的没有理解问题；有的没听清楚问什么；有的是一时紧张；有的根本没听家长讲话。因此,家长遇到这些情况时要敏锐地进行分析,不能一概而论。可以用引导的方法："你再想一想"；可以用重复的方法："妈妈再说一遍问题"；可以用安慰的方法："别着急,想一想再说"；可以用规劝的方法："你可要注意听,不然就会说错了"。不急于否定批评幼儿,就是让幼儿敢说,给幼儿锻炼的机会,使幼儿在尝试错误的同时,获得语言发展。

（3）当幼儿倾听不专注时不强求。

幼儿倾听不专注,除了与年龄特点有关外,也可能有其他原因,如身体不舒服、情绪不好、对活动本身不感兴趣等。家长如果忽视了这些情况,一味归罪于幼儿不认真,就可能会使幼儿产生抵触情绪,因此,应当视不同情况区别对待,允许幼儿有些"自由化"的行为,以满足其需要。

（4）当表达能力强时不过多地表扬。

表达能力强的幼儿易受父母的喜爱,同时,父母应该看幼儿是否在自己原有的基础上有进步和提高。因此,父母表扬的依据是幼儿语言水平的实际提高。此外,表扬的次数要适宜,内容要具体,要让幼儿知道好在哪里,便于激励幼儿向更高的语言水平发展。

对不爱说话的幼儿要引导。

不爱说话的幼儿,往往对所要回答的问题心里非常明白,但因多种原因,如性格内向、胆小、紧张或口吃等不爱表达。如果孩子属于这类,父母应更多地在日常生活中给予关心、理解、引导和帮助,而不是简单地教幼儿说,让幼儿说。父母可以通过多种方式与幼儿进行语言沟通,使幼儿逐步产生想说的愿望,并慢慢地敢说、爱说。让幼儿的信心增强,从而发展幼儿的语言表达能力。

在日常生活中要经常鼓励幼儿大胆、清楚地表达自己的想法和感受,尝试说明、描述简单的事物或过程,发展语言表达能力和思维能力。

43. 口齿清楚是表达的关键

—— 怎样使幼儿发音准确与清晰

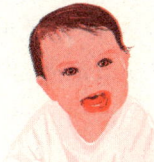

幼儿要学会说话,首先要学会发音,发音准确了,他说的话别人才听得懂,发音不清楚,别人就不容易理解,影响了语言交往。随着年龄的增长,孩子还会因怕被别人取笑,而不肯轻易说话,久而久之,就阻碍了语言发展。因此,我们在教幼儿说话时,必须注意教他正确发音。

3～6岁的孩子学习语音的可塑性大,掌握语音的能力特别强。在这个时期教他们说普通话,效果是最好的。

3～4岁的孩子常常把"哥哥"说成"多多",把"狮子"说成"希几"等,这是因为幼儿的发音器官还没有发育完善,听觉分辨能力和发音器官协调活动能力都较差的缘故,只要多加练习,孩子会逐渐听清并发清楚这些较难发的语音的。4岁以后的幼儿,发音器官已发育完善,经过教育就能发准汉语中的全部语音了。

教幼儿正确发音的方法有以下几种:

(1) 给幼儿作示范、讲解。

幼儿是通过模仿来学习掌握每个词音的,所以,要使孩子发音正确,家长就要注意自己的语音正确。对那些孩子容易念错的字音,要作示范和讲解。示范时,口形要夸张些,速度慢些,让孩子看清楚、听明白,同时,要作简单明了的讲解。如教孩子发"吃"、"师"等翘舌音,要告诉他把舌头翘起来念;发"哥"、"裤"等舌根音时,要告诉他舌尖放在下面,他就不会将"哥哥"念成"多多"、"裤子"念成"兔子"了。

(2) 通过各种途径,经常反复练习。

每教孩子发准一个词音,都要让他经常反复地练习,这包括听和说两个方面。练习的方法要多样化,要有趣味,千万不要强制幼儿单调枯燥地练习,不然孩子会既紧张又乏味,很容易厌倦。家长可以结合生活给孩子进行练习,如:吃东西时,让孩子练习说准"吃"这个字音,带孩子上街时,让他练习说"公共汽车"、"卡车"等词音。还可以用做游戏、念儿歌和绕口令等进行练习。

现介绍几种可以在家里进行的发音练习。

第一种是游戏(要求听得清,拿得对)。

针对孩子不易发准的词音,准备一些玩具、图片或实物(如:裤子、兔子、鼓、虎、狮子、石子、牛奶、篮子等)。

玩法:

(A)家长说出一样东西的名称,让孩子听清楚了,然后从许多东西中把它拿出来,拿对了,让他说出这个词,如拿错了,让他重新听和拿。

(B)让幼儿说出东西名称,由家长拿东西,如幼儿说得不清楚,家长可故意拿错,促使他重说,并努力说正确。

(C)先让幼儿逐一说清楚东西的名称,说对一个摆一个,都摆好后,让他闭上眼睛,家长迅速从中拿掉一样东西,再让他睁眼看并说出什么东西不见了。也可以将两样东西互换位置,再让孩子说出什么和什么换了地方。这种玩法既有趣,又可以训练孩子正确发音。

第二种是用儿歌、绕口令练习发音。

根据孩子发音情况,可以选或编一些儿歌教他念,这对3~4岁的幼儿尤为适合。如儿歌:

《大南瓜》

老奶奶,收南瓜,
南瓜甜,南瓜大。
拿不动,抱不下,
兰兰和她抬回家。

这首儿歌主要练习发n、l的字音,所以"奶、南、拿、兰"这几个字特别要注意教孩子念准了。

绕口令则重复使用一些相似音,念起来绕口、有趣,它对区分容易混淆的音帮助更大,适合4~6岁孩子念。如:

《数数歌》

山上有只虎,
林中有只鹿,
路边有只猪,
草里有只兔,
还有一只鼠。
数一数,
一二三四五,
虎鹿猪兔鼠。

念这首绕口令时,要注意使孩子发准字音。

(3) 发现幼儿发音不清时,要及时纠正。

当孩子发音不正确时,家长不要因为好玩而重复他错误的发音,否则会使他分不清哪是对、哪是错。也不要取笑或责骂幼儿,使他产生自卑心理,可结合一定的生活内容和对话,让他自然地纠正。如:孩子分不清"吃"和"刺"音时,可在吃饭时有意问他:"今天你吃几碗饭?""你会把鱼刺吐出来吗?"让他回答,并提醒他模仿发准"吃"和"刺"的字音并反复进行操练,就能逐步发准音。

44. 让孩子在图书里汲取精神营养

—— 早期阅读的重要性

莎士比亚说过:"生活里没有书籍,就好像没有阳光;智慧里没有书籍,就好像鸟儿没有翅膀。"图书是人类智慧的结晶。古今中外许多在事业上卓有成就的人,几乎都毫无例外地从小酷爱读书。每一本好书对孩子来说,都是一扇观察世界的窗户,从图书中,孩子可以开拓视野,丰富知识,启迪智慧;可以懂得该爱什么,恨什么,培养高尚的思想感情,陶冶孩子的情操,还可以养成爱读书的好习惯,培养起自学的能力。图书是孩子成长的精神营养,家长要像教孩子学习自己吃饭一样,教孩子从小学会看图书,让他们在图书的百花园里采花酿蜜,茁壮成长。

那么,如何教会孩子自己看图书呢?

首先,家长可以选择色彩鲜艳、内容生动有趣、图意明确的幼儿图书和孩子一起看,起初,可由家长逐页讲述,让孩子听完一页翻一页,直至把书翻看完,使孩子感受到这本图书真好看,故事真好听,引起再看再听的兴趣。接着,家长可以鼓励孩子试着自己看和讲,开始只要孩子讲出其中最易记住的一部分,以后再逐渐让他讲出图书的大概内容。

当孩子会重复看和讲述一些图书后,家长可以变讲为启发。就是在出示一本新图书时,家长先逐步提出一些启发性问题,引导孩子自己看清并讲出图意,当孩子能基本上看懂时,就可以用信任的口吻鼓励他自己往下看,等看完后把这本图书讲给大人听。只要孩子讲得基本意思相符,都要加以肯定和赞扬,使他树立起自信心,有自豪感,逐步让他学会像爸爸妈妈一样自己独立地看图书。

其次,要教给孩子看书的方法,养成良好的看书习惯。看图书要一页一页仔细地看,看清楚图上有谁,他在干什么,会说什么,或发生了什么事等,这一页看明白了,再看下一页,不要只看画面,不了解内容就很快地把一本书翻完了。凡是看过的书都要记住这本书的名称(名称可由家长告诉他),看好后把书整理好,放在固定的

学前儿童心理与教育120问

地方,如给孩子一个抽屉或一个纸盒盛放图书,或用一块布挂在门背后,在布上缝上几个大口袋(布口袋可用不同颜色的布料做,也可缝上不同标记),让孩子把图书分门别类地插放进口袋里,随时都可以取用。还要教育孩子爱护图书,不撕破、不弄脏图书,一有损坏,就让他自己学着修补好,使孩子从小养成爱书、爱看书的好习惯,和图书做好朋友。

45. 让孩子快快乐乐学数学

—— 谈幼儿数学学习的指导原则

数学是一门重要的基础学科,是学习科学技术知识、从事各项工作不可缺少的工具,对这一点,家长们都比较清楚。因此,家长十分重视幼儿对数学的学习,从孩子哑哑学语的时候,就开始教孩子学数数、认数……其实,孩子在幼儿时期,学习数学知识不是主要的,主要的应该是在引导孩子学习数学的过程中,让孩子得到良好的数学能力培养。在教孩子学习数学的过程中,应该如何培养其数学能力呢?就这个问题,在此提一些想法和建议,供您参考。

首先,说说家长在教幼儿学习数学时要遵循的原则:

(1)生活性原则。

指数学学习应紧密联系孩子的生活实际,让孩子感觉数学就在自己的生活中,就在自己的身边。例如:吃饭的时候,让孩子说说应该拿多少双筷子、多少个碗,然后让孩子来分,以建立数的概念。

(2)趣味性原则。

根据孩子的心理特点、认知特点和欣赏水平,采用激励、灵活、孩子乐于接受的方法,使孩子感觉学数学是一件很开心的事;例如:儿歌《青蛙点数》:一只青蛙一张嘴,两只眼睛四条腿;两只青蛙两张嘴,四只眼睛八条腿;三只……配以适当的动作及表情,寓教于乐,可以很好地激发幼儿学数学的兴趣。

(3)实践性原则。

数学比较抽象,学习中,必须要有一个由感性到理性的过渡过程,对于幼儿来讲,要很好地完成这一过程,充分的感知是非常重要的,要让孩子在不断地实践体验中获得知识,让孩子在动手动脑中不断发展数学思维;例如:他要吃饼干,想吃几块,就让他数出几块。

(4)参与性原则。

66

让孩子主动参与到学习中来,经历和体验知识形成的全过程,给孩子探究和享受成功喜悦的机会。

(5) 赏识性原则。

从积极的角度看待孩子的学习,不居高临下,不把自己的思维方式强加给孩子,因势利导,在孩子学习有困难的时候,要善于用赞赏和表扬来鼓励孩子,不要埋怨、急躁。让孩子在宽松、愉悦、自主的氛围中学习,感受学习的快乐。

(6) 科学性原则。

数学用语要科学、规范,培养孩子严谨的科学态度。如:给孩子三个苹果,分成两堆,分别有一个和两个,这时,可以问孩子哪个多,哪个少,不能迁就孩子的回答"两个多"、"一个少",因为哪个多哪个少是相对的概念,所以,要教会孩子说"两个比一个多","一个比两个少"。

46. 帮助孩子初步建立数序概念

—— 幼儿数序的学习方案

数概念比较抽象,而幼儿的思维特点还是完全处于形象思维中,这就在幼儿学习数学中形成了一对矛盾,要想让孩子学好数学,就必须要解决这个矛盾。所以,家长在教孩子学数学的时候,要根据孩子的年龄特点和思维特点,采取孩子乐于接受的方式和方法。在学习过程中,要让孩子有充分的实践活动,丰富孩子的感知,帮助孩子自然完成数概念由感性到理性的抽象过程,同时还要加强优化训练。对于数序的学习,可用以下阶段完成:

(1) 充分感知,练习数数和认数字。

幼儿在2至3岁时,就可让孩子练习数数,先从他自身数起,1个头、2只手、5个手指头……然后,去数家中看得见、摸得着的东西,如:床、桌、椅、餐具等,同时,随时让孩子数他接触的事物,如他玩积木,就让他数数有几块……孩子数对了,要及时鼓励或奖励。这样不仅可以帮助孩子在脑子里建立起数与事物间的联系,为建立数概念打好基础,还可以让孩子感觉数学就在他的身边,就在他的生活里,学数学是一件很有趣、很开心的事。在此基础上,可以利用数字卡片让孩子认数字,在认数字的时候,可以把数字的形状和孩子熟悉的事物联系起来,编成儿歌,这样不仅便于孩子的记忆,还可以激发孩子学习数字的兴趣。这里介绍1到10的数字歌:

1像铅笔能写字,2像鸭子水中游,3像耳朵听声音,4像小旗迎风飘,5像钩称量东西,6像口哨叨嘴笑,7像拐杖手中拿,8像葫芦藤上吊,9像勺子能盛汤,10像画只铅笔加圆圈。

(2) 和孩子对口数。

就是家长(或孩子)说1,孩子(或家长)接说2,家长(或孩子)再接着说3……以此类推。熟练后,再对口连说两个数、三个数等。在对口说练习时,注意要求孩子逐步加快速度,这样不仅可以提高孩子掌握数序的熟练程度,还可以使孩子思维的敏捷性得到培养。

(3) 引导孩子进行数段练习。

就是从任意数开始,到任意数结尾的练习。例如,让孩子从9数到29等。这样的练习可以加深孩子对数序的理解和认识。

(4) 指导孩子给数找邻居。

给数找邻居,就是利用数字卡片,家长拿出一个数的卡片,让孩子拿出和这个数前、后相邻的两个数。这样的训练,不但可以强化孩子对数序的掌握,也可为后面比较数的大小打基础。

(5) 训练孩子快速倒数数。

在孩子掌握了数的顺序后,要对孩子进行倒数数的训练,在训练时,可分段进行,先进行10以内的倒数数训练,然后再进行20以内的倒数数训练,以此类推。训练中,注意要求孩子逐渐提高倒数数的速度。这样可以增强孩子对数序掌握的熟练程度,还可以克服孩子在数序上的思维定势,更加牢固、灵活地掌握数的顺序。

47. 序数的学习

——序数的练习方法

序数,是某一个数字在自然数中的位置。例如,数字"5"它在自然数中从前面数的第5位。在帮助孩子掌握序数的过程中,要有意识地反复练习。

(1) 实物练习。

把孩子的积木排成一列,然后对孩子说:"宝宝,请你从前面给妈妈拿来3块积木。"孩子拿来后,妈妈再把孩子拿来的积木放回原处,然后对孩子说:"宝宝,你把从前面数第3块积木给妈妈拿来。"孩子拿对后,边鼓励边启发孩子:"妈妈让你拿3块积木,和第3块积木有什么不同呢?"接着要因势利导,教孩子区别"3块"与"第3块"的区别。

(2) 游戏练习。

和孩子一起玩给玩具排队的游戏,在游戏中,家长可以指挥孩子把某个玩具放在第几的位置上;还可以把玩具排成一列后,让孩子调换玩具的顺序,对孩子说:"宝宝,你把从前数第2个玩具换到从前数第5的位置上去。"

(3) 看图练习。

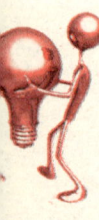

就是让孩子看图回答一系列问题。例如,(☺ ☻)"哭脸从前面数是第几个?"接着问:"从后面数呢?""鼓掌的从前面数是第几个?","从后面数呢?"如此等等,这样不但可以使孩子加强对数序的认识,而且还可以培养孩子的观察能力和前、后的方位感。

(4)卡片练习。

就是用数字卡片进行练习,练习时家长可以任意拿出一个数字卡片,例如,拿出数字8,对孩子说:"8表示什么?"引导孩子说出数字8表示8个物品(孩子说出表示8个梨、8块积木等都可以)。然后对孩子说:"8从前面数在第几位?"这样的练习不仅加深孩子对数字与序数意义的理解,还可以培养孩子的抽象思维能力。对于幼儿来说,这样的练习有些难度,家长要耐心,别急躁。从实物—游戏—看图—卡片,这是一个必不可少的逐步抽象的过程,家长要很好掌握孩子学习的进度。

48. 10以内轻松算

——指导孩子试学10以内的加减法

在孩子认识了10以内的数,了解其大小、前后位置和组成后,家长可以让孩子试着学习10以内的加减法。在这阶段,家长不要把孩子当小学生看待,生硬地教孩子做加、减法。主要应该锻炼孩子的心算能力,因为这样可以训练孩子思维的逻辑性和灵活性,发展数字记忆能力。

首先,在10以内的加法训练中,家长可先制作一些单变加数的卡片:

1+1=   2+1=   2+2=   3+1=   3+2=   3+3=
4+1=   4+2=   4+3=   4+4=   ……以此类推,一直写到10+10。然后,按"1加几"、"2加几"……的顺序对孩子进行训练。在训练中,孩子如果有困难,开始可借助实物。这样就打破了给一道题,孩子做一道题的传统模式,有利于孩子记忆、归纳、推理、寻找规律等多种能力的发展。孩子对单变加数比较熟练后,家长再制作两套双变加数卡片,第一套:

1+2=   2+3=   3+4=   4+5=   ……以此类推,一直写到9+10。第二套是用"1"至"5"分别加上"6"至"10"即:

1+6=   2+7=   3+8=   4+9=   5+10=   ,双变数卡片也可以根据孩子的实际情况来确定写到多少。然后按顺序对孩子进行训练,对于孩子计算有困难的,一方面借助实物,另一方面要反复练习,直到孩子能够快速、准确、不间断地说出算式与答案。

其次,在10以内的减法训练中,家长要对应加法制作减法卡片:

2-1=   3-1=   3-2=   4-1=   4-2=   4-3=

……以此类推,一直写到10－9。开始训练时,先对照加法卡片进行,让孩子做加法,想减法。初步感知加法与减法间的联系,培养孩子逻辑思维能力。然后再进行熟练性训练。在此基础上,可以制作两套双变减数的卡片。

一套是有固定得数的,例如:3－1=   4－2=   5－3=   6－4=……

另一套是用"10"至"6"分别减去"1"至"5":10－1=   9－2=   8－3=   7－4=   6－5=

这样的训练可以使孩子初步感知被减数、减数与差的变化规律,为以后的学习打下基础。

数学是一门知识内容联系性很强的科学,前后知识衔接非常紧密,一旦出现跳跃性前进或新旧知识脱节现象,就很容易造成幼儿学习上的混乱,使他们难以正确地掌握知识。因此,家长教育幼儿一定要循序渐进,从幼儿已有的知识入手,"以旧引新",让幼儿理解知识的前后联系,有利于他们顺利地学习,也只有这样,才能使幼儿一步一个脚印地打下坚实的基础,为今后的学习准备有效的知识和技能。

49. 让孩子生活在数学王国里

—— 对幼儿进行数学启蒙教育

对3～6岁的幼儿进行数学的启蒙教育,是幼儿阶段不可或缺的教育内容,也是为孩子日后进入小学学习数学做准备、打基础。通过学习,能促使孩子的感知觉更敏锐,注意更趋稳定,观察更细致和准确,特别是有利于孩子抽象思维和逻辑思维得到初步的发展。这也就是我们通常说的学习数学能够使孩子的脑子更灵。

对幼儿可以辅导些什么数学知识呢?由于数学是一门比较抽象的学科,对幼儿只能教给最最粗浅的有关数量关系、空间关系及时间关系三个方面的数学知识。简述如下:

(1)可教给幼儿最简单的10以内数的概念和加、减运算。

数的概念就是要孩子认识10以内数的形成。如一只苹果,再添上一只苹果是两只苹果。在自然数中帮助孩子掌握某一个数添上一就成了后一个新的数。要会正确地数数,并掌握数的实际含义。在数数时要做到手、口一致地点数物体,知道数到最后的数表示所数物体的数量。如让孩子数杯子,要求孩子在会数一个数的同时指点着一个杯子,数到1、2、3、4、5、6。知道6代表所数杯子的数量,共有6个杯子。正确点数后让孩子从一堆物体中取出成人给的数。如从许多饭碗中拿出6个碗,从一堆木珠中拿出8粒木珠。在孩子掌握了正确数1、2、3、4、5…的基础上还要学会倒着数。1、2、3、3、2、1、1、2、3、4、5、6、6、5…1。再学习两个两个地数、五个五个地数甚至十个十个地数。

数数的同时可以教孩子正确认读阿拉伯数字,并学习书写10以内的数字。家长要帮助孩子正确发音,如4、10。认数字时要帮助孩子分辨字形。如1像一根小棒,2像一只小鸭子在水上游,3像耳朵,4像一面小旗,5像钩子,6像哨子,7像镰刀,8像麻花,9像勺子或气球,10像筷子和鸡蛋。帮助孩子区分容易混淆的数学如3与5,6与9。教孩子书写数字时先要教孩子掌握正确的握笔方法和书写姿势,还要教会孩子正确的笔顺,掌握从哪里起笔与落笔。可以先作书空练习,即孩子举起右手食指悬空跟着成人作每一个数字的起笔、落笔练习,以熟悉笔顺与字形的特点,然后再在纸上书写数字。

掌握序数即第几。○□△☆◠第1个图是圆形,第2个是什么图形?第3个是什么?……

学习相邻数即某一个数前面和后面的两个数。如5的相邻数是4和6。

学习10以内数的组成和分解。譬如4的组成如下:

```
    ●●●● 4
3 ●●●    ● 1   4可以分成3和1。3和1合起来是4。
2 ●●     ●● 2  4可以分成2和2。2和2合起来是4。
1 ●      ●●● 3 4可以分成1和3。1和3合起来是4。
```

学习10以内的加、减运算。

(2)可教幼儿认识简单的形的概念。就是教幼儿认识圆形、三角形、正方形、长方形、半圆形、菱形等,逐渐还可以教幼儿认识球体、圆柱体、正方体、长方体等。要使孩子看到图形会正确地叫出它的名称,能按图形找出与之相似的物体。如看了圆形能找出家中与之相似的碗口、镜面、轮子……逐步可教孩子用图形拼合图案。(如图)

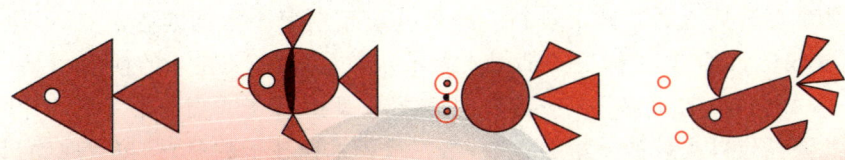

(3)教给幼儿空间、时间等粗浅知识。学会区别物体的大与小,长与短,上与下,前与后,左与右,厚与薄,粗与细,轻与重。可结合家中的具体物品让幼儿学会比较。比一比碗的大小、球的大小、袜子的大小、衣服的大小……还要帮助幼儿区别早上、晚上、白天和黑夜。知道昨天、今天、明天,一星期有七天和认识时钟(整点和半点)。

学前儿童心理与教育120问

如图所示：

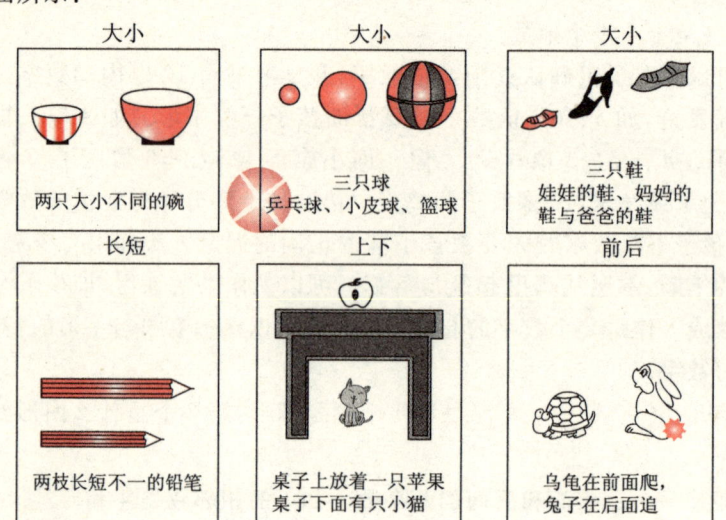

50. 结合生活学习运算

—— 怎样辅导幼儿进行加减运算

在一次家庭教育咨询活动中一位家长说："我本人青少年时碰上'十年动乱'失去了学习的机会，总想在孩子身上得到补偿，可是他的玩心太重，最怕做算术题，我就惩罚他，让他立壁角，可是都没有用，我该怎么办？"

辅导孩子做加减运算不能从枯燥的列算式开始，要遵循孩子认知发展规律从浅到深，由具体到抽象，在原有的数学知识基础上逐步深化。孩子学习加减运算必须在他掌握数概念的基础上进行。即幼儿要了解每个数的实际意义（4是指4个物体，4粒糖、4个人、4幢房子都用4表示），数的顺序（3在4的前面，4在3的后面，3比4少1，4比3多1……），数的组成（4是由两个2或1个1和1个3组成），幼儿要经过口头数数→给物数数（给三块积木让孩子数三）→按数取物（请你取出五块积木，孩子按成人给的数取出相应数量的物体）→掌握数概念的四个发展程序。如果孩子还没掌握数概念就要求孩子做加减运算，孩子就会有困难。数学本身内在的系统性很强，家长不能急于求成而要求孩子进行跳跃式的学习。

在辅导中还要研究辅导方法。首先，要从幼儿思维的特点出发，出题的方式可从具体→半具体→抽象。即我们先结合实物让孩子解答简单的口头加减应用题。如：你有5只橘子，我有3只橘子，我们一共有几只橘子？当孩子算出来以

后,我们可以用点数来检验是否算得对。在运用具体实物加减运算的基础上可以采取半具体半抽象的点子图来进行运算。你的一张图是 , 我的一张图是 ![],我们一共有几个圆点。再逐步过渡到用抽象的数来运算。在解答口头应用题的过程中要辅导孩子理解题的意思,辨别是加还是减。这里就要求我们在出题目时不能是一种模式,而要有变化,这样既有利于提高孩子学习数学的兴趣,又有利于思维力的训练。比如:你有 5 本书,我有 3 本书,你比我多几本书?

其次,要给孩子多练习多操作的机会。孩子在练习中巩固已学加减运算的知识,在练习操作中动手又动脑能充分调动孩子的积极性,促使思维积极活动。练习操作的材料是选择家中现成的物品。如:积木、小瓶子、塑料小动物玩具,也可以是天然材料:小石子、小贝壳、收集的树叶或是自己制作的数点卡片。你让孩子挑出三块红颜色的积木,再拿四块绿颜色的积木,算一算共有几块积木。或是由成人出示写好的题目 4+2,孩子取出相应数量的物体作答数并且要说出 4+2=6。

再次,为了进一步训练孩子运算的准确性及敏捷性要让孩子的多种感官参与运算活动。

如:

看一看、算一算

两张图片共有几个苹果?

亦可以要求幼儿列出二道加法试题并算出答数,或是要求幼儿列出加减四道式题并算出答数。

听一听、算一算

让孩子闭上眼睛。成人先拍几下手,停少许时间再拍几下手。问幼儿:两次共拍了几下手?第一次比第二次多拍了几下?第二次比第一次少拍了几次?

摸一摸、算一算

在两个布袋中放有不同数量的石子、木珠、桃核或积木,让孩子通过用手去触摸(不能看)说出袋里装有几块石子、木珠……两个布袋中共有多少石子(或木珠、桃核、积木)。

此外,还可以设计各种书面练习让孩子独立完成。

用游戏的形式进行练习(见下图)。孩子在图上连线练习。每个信封上有一道题目,请算出答案。并画线把信送到。

学前儿童心理与教育120问

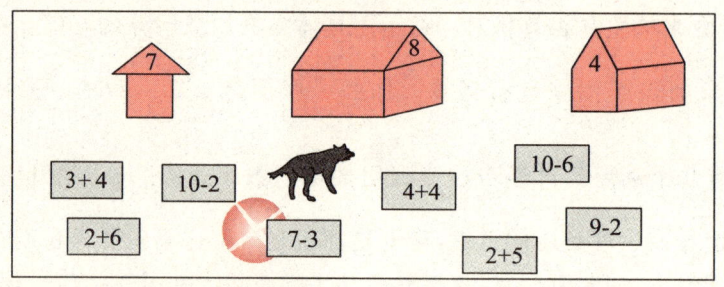

想一想,填上合适的数

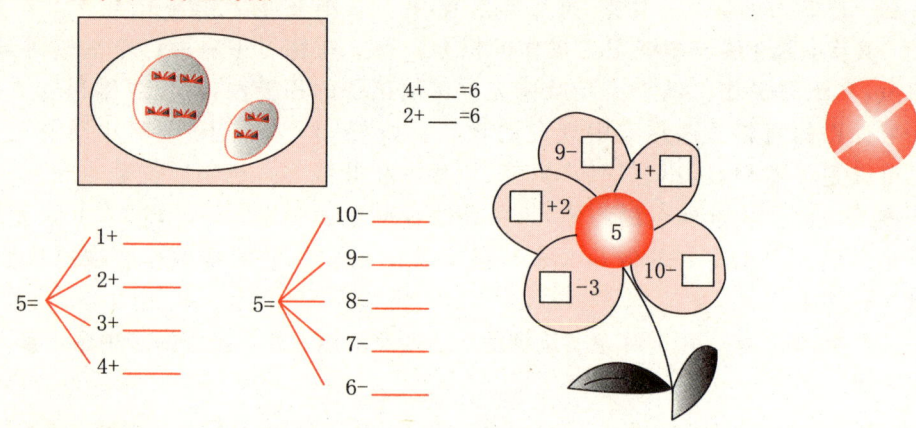

看图列算式

家长可以画图让孩子列出一或二或四道试题并算出答数。(见下图)

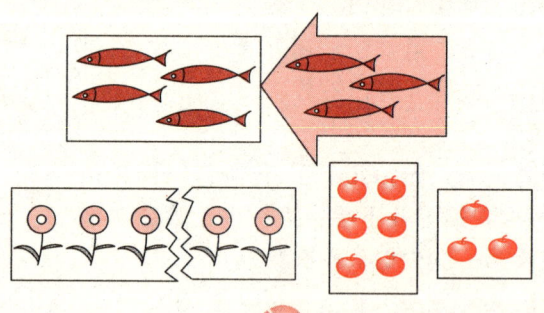

算式练习

| 1+1= | 2+1= | 3+2= | 5−1= |
| 3+4= | 5+4= | 8−5= | 7+2= |

最后,家长还可以和孩子一起编应用题、解答应用题。先可以提供图,按图意编应用题。如图上画了一只鸡与一只猫。就可以编一只鸡和一只猫,请你算算它们共有几只脚?或是画了池塘里有三只鸭子在游,岸上还有四只小鸭子。可以根据孩子的水平先编加法题、再编减法题。在按图编应用题的基础上可由成人出示两个数字让幼儿根据自己的生活经验编应用题来算,直至由孩子自己独立编口头应用题。

亲爱的家长,你们可以试一试这样辅导是否孩子能乐意接受些。因为篇幅的限制不能一一举例,希望你们在实践中创造出更好的辅导方法来,使孩子更喜欢进行加减运算。

51. 循序渐进培养幼儿的思维能力

——思维能力培养的三部曲

思维活动常常是在理解基础上进行的,要培养幼儿思维能力,首先要培养孩子的理解能力。但幼儿的大脑发育尚处于初级阶段,理解认识事物往往需要以语言和动作为媒介来进行。因此,我们要注意用语言和动作相结合的方式来培养孩子的理解能力。

然而,思维的培养应以幼儿思维发展进程为序,在进行思维训练时,应坚持循序渐进的原则,由易到难,先培养幼儿的比较概括能力,再进行分类、推理训练,因为前者为后者提供知识经验和心理准备,后者是前者的深化,两者之间具有密切的内在联系,构成了思维活动的阶梯,形成了一个系统的、序列化的整体。

(1)比较概括能力的培养。

比较是在头脑里确定事物间的异同点,概括是把不同事物的同一属性抽象出来加以综合形成的概括表象或科学概念,要注意有目的、有计划地引导幼儿多次观察感知同一事物,启发幼儿思考,概括出事物的本质特征,形成初步的类概念。例如:让幼儿观察苹果、桃子、黄瓜、西红柿等,让幼儿知道虽然其形状、颜色、味道不同,但它们内部都有种子,这样便可以在头脑中把这种共同属性抽取出来,并推广到有这种属性的物体,形成一个初级的果实的概念,即在植物体的各部分中,凡是内部具有种子的都是果实。

(2)分类能力的培养。

分类就是按一定的标准把事物分成不同种类,根据共同点将事物归为较大的类,根据不同点将事物划分为较小的类,从而把事物区分为有一定从属关系的不同等级的系统。

值得注意的是:在分类活动中家长需要具备相关的正确知识,这样才能有效地指导幼儿。并且,要尽可能地和幼儿生活实际相联系,例如,家里买回水果和蔬菜后,可让幼儿练习分类,并指导其知道将苹果、桃子、梨归入水果类;而西红柿、黄瓜则属于蔬菜类等。

(3)推理能力训练。

学前儿童心理与教育120问

推理是思维的核心,它是从一个或几个已知判断推导出新的判断。据一项研究发现,经过练习指导,约有60%的5~6岁幼儿能进行归纳推理和演绎推理,90%的大班幼儿能进行类比推理。

归纳推理是从特殊到一般的推理。例如:鹰是鸟,有羽毛,猫头鹰是鸟,有羽毛,燕子是鸟,有羽毛,黄鹂是鸟,有羽毛,所以鸟都有羽毛;1里面有一个1,2里面有2个1,3里面有3个1……所以一个数是几,就有几个1;3+0=3,4+0=4,5+0=5,所以一个数加上0,结果还是这个数。

演绎推理是从一般到特殊的推理。例如:凡是六条腿的动物才是昆虫,蜘蛛是八条腿,所以它不是昆虫;凡是鱼都用腮呼吸,用鳍游泳,墨鱼是喷水式运动,所以它不是鱼;凡是鸟类都有羽毛,蝙蝠没有羽毛,所以它不是鸟;凡是交通工具都能长距离运送人和物体,骆驼能驮东西,所以骆驼在特定环境里是交通工具。

类比推理是从特殊到特殊的推理,可以利用物体之间的种属关系、整体局部关系、相反关系、演化关系、场所关系、功用关系、因果关系、季节和生化关系、组合关系、并列关系对幼儿进行训练。例如:根据沙发和家具的关系,让幼儿摆出相应的画面:电视机和家用电器、碗和餐具、裙子和服装。还可以联想生活中的种属关系,如猫和家畜、狮子和野兽、春天和季节、天安门和建筑物、天空和交通场所等等。

52. 培养幼儿的创新思维

——幼儿创新思维的表现及培养

创新思维是一种比较复杂的心理过程,它使人们提出解决问题的新设想,使人们在实践活动中创造出新成果。从幼儿心理发展的进程来看,幼儿期是培养孩子创新思维能力的重要时期。当然,幼儿期儿童表现出来的创新能力受其生理、心理年龄的制约,是一种低层次、低水平的创新能力,幼儿的创新对成人来说未必是新颖的创新,而对他自身却是前所未有的,它是一种自我实现的创新,它虽然没有社会价值,但可以产生独特的个性活动,如果后天加以培养和训练,就会形成一种思维方式。因此,家长应对幼儿的创新思维及时地发现、保护、培养。

幼儿常见的创新思维表现形式有:

(1)好问。

幼儿随年龄的增长,视野不断扩大,对周围的事物表现出浓厚的兴趣,而且求知欲望强烈,企图了解事物的本质,凡事都喜欢问"为什么"、"否则会怎么样"。如"月亮有眼睛吗? 没眼睛为什么老跟我走"。

(2)尝试。

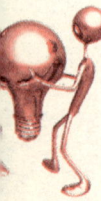

幼儿在其成长过程中,有着诸多第一次,为了解事物的原本面貌,他们常有强烈的参与环境的尝试动机及尝试行为。如爱迪生年幼时孵小鸡。

(3)"破坏"。

这是幼儿创新思维最初的萌芽状态,在低幼儿中较多。如:钟表为什么会走,电动汽车为什么会开,当他们无法解释,于是就毫不犹豫地拆表、拆汽车,摆弄所有的零件,以便探究明白。

(4)自由绘画。

幼儿爱乱画,如好端端的汽车上画上了两只长长的翅膀,他说在交通堵塞时,他的汽车就伸出翅膀升上天空,从空中飞过。类似这种按幼儿意愿的绘画,较多地表现了幼儿的创新性。

那么,应该怎样培养幼儿的创新思维能力呢?

(1)营造鼓励创新的环境氛围。

孩子是一个完整、独立的个体,应该有自己的空间和世界,所以在孩子活动时,家长应尽可能地为幼儿创设一个宽松、自由、民主、敢于标新立异的环境和氛围,让他们能够自由思索,大胆想象,主动选择并作出决定。作为家长,要转变循规蹈矩的孩子是好孩子的观念,允许幼儿某些"出格"行为。当孩子们的一些想法稀奇古怪,超越客观现实时,当他们的描述与实际情况有出入时,当他们手舞足蹈、自编自唱、乱涂乱画而兴致勃勃时,家长不可以用成人固定的思维模式去限制或盲目干预,而应敏锐地捕捉创新思维的触点,加以科学的引导,使幼儿的思维处于轻松活跃的状态。这样才有利于促进幼儿创新思维的发展。

(2)丰富幼儿的生活经验,让幼儿在生活实际中发展创新思维。

创新思维不是凭空产生的,需要有丰富的知识经验作为基础。因此,鼓励幼儿的创新思维,应为幼儿创造运用各种感官去接触外界事物的机会,鼓励他们多看、多听、多摸、多尝试,从而达到发展幼儿的多种感官功能,丰富他们生活,增长知识,开阔眼界,丰富表象的储备,为他们进行创新思维提供信息资源。

(3)家长要具有问题意识。

具体包括:①要引导鼓励幼儿发现问题,提出问题。对幼儿所提的问题,家长要认真对待,根据问题与幼儿知识经验的相关程度,有的可直接回答,但不能解释得太深太难,给幼儿有思考的余地;有的可启发幼儿自己去寻找答案。如不能回答的,可实话实说,也可和幼儿一道去探索。②要放手让幼儿创造性地思考问题。培养幼儿创造性地思考问题的途径有很多,如游戏时,家长应放手让幼儿在无拘无束的氛围中,根据自己的兴趣和想象去玩去乐,这有利于幼儿创造性地去做游戏。③让幼儿在动手实践中解决问题。心理学家认为,孩子的智慧在手指上,多让幼儿动手,不仅能促进创新思维的发展,而且对各方面能力的发展都有好处。

(4) 家长的评价要积极正确。

首先,不能简单地用成人标准来评价幼儿,而应从创新的新颖性、独特性及技能性等方面来评价,其次,评价应注意从孩子自身发展水平来评价。再次,尽量从正面评价幼儿的活动及问题,千万不能说"一点也不像"、"真笨"之类的话,因为童年时代特有的想象、创新能力一经压抑就很难再萌发。

53. 走近情绪智能

—— 情绪智能的含义及意义

(1) 什么是情绪智能?

1990年,萨洛维·迈耶最早对情绪智能定义,并于1993年对情绪智力的内涵进行了重新界定,他们认为情绪智力包括:① 调节自己与他人情绪的能力;② 区分自己与他人情绪的能力;③ 运用情绪信息引导思维的能力。

而1999年,哈佛大学心理学教授丹尼尔·戈尔曼(D. Golman)将情绪智力概括为以下5种能力:① 认识自身情绪的能力;② 妥善管理情绪的能力;③ 自我激励的能力;④ 认识他人情绪的能力;⑤ 人际关系的能力。

总之,情绪智能理论的提出,打破了传统智力理论强调认知因素和信息加工,它强调的是能力的情绪因素,例如,同情心、如何解决问题、乐观、自我意识等,指的是人在面对干扰困境时所具有的承受能力、应变能力和驾驭情绪的能力,它对于个人在工作中的成败、个人的心理健康、生活的幸福等都起着关键的作用。

(2) 情绪智能与学业成功的关系。

情绪智力的提出,引起了心理学界的关注,认为它是预测一个人学业和社会成功的重要因素。众多国内外学者研究表明:情绪智能与学业成就之间存在着较高的相关性,且情绪智力在后天是可以被教授和被学习的。而高情绪智力的人自制力强,能够坚持完成一项工作,具有良好的情绪,能控制自己的情绪,善于人际沟通与合作。相反,情绪智力较低的人,往往因情绪问题而阻碍了其智慧能力的发挥。

(3) 情绪智力与幼儿健全人格的养成。

情绪智力反映一个人调节情绪的能力,人格主要包括气质、性格、认知风格、自我调控等方面。研究表明,情绪智力与人格相关,并且影响着人的身心健康。情绪智力较高的个体更加外向、更富有责任心。国内外一些研究学者发现,虽然情绪智能的某些方面受遗传影响,但可以通过后天的养成改变其状态。例如,有人对刚出生的婴儿进行研究,发现这些婴儿生来具有害羞的气质,对新异、刺激的事物采取躲闪的方式,但研究者告诉父母,这些都可以改变。随后,父母改变了他们的教养方式,让孩子逐渐去迎接具有挑战性的情境,尝试去探索新的事物,积累生活经验,而不是迎合孩子害羞的气质,保护他们避免外界的各种伤害。到了入学阶段,研究发现这些孩子虽然不是最外向的,但是已经不具备害羞的特点了。由此可见,情绪智力的培养,有助于健全人格的养成。

54. 情绪智力,你不得不关注的重要领域

——如何培养幼儿的情绪智力

儿童期是可塑性较强的一个时期,对其的培养往往收效显著。良好的培养模式有利于日后的身心健康和顺利发展。关于情绪智力,专家研究成果指出,虽然受先天气质影响,但后天的培养和学习往往起着更重要和更加积极的作用,对此不可等闲视之。

儿童的情绪智能应自幼年时即开始培养,而家庭是孩子学习情绪的第一个场所。父母在子女情绪智能的发展中扮演着非常重要的角色,如果在孩子的幼年时期起即得到父母的熏陶和教导,其情绪智能将会与日俱增并大大获益。因此,在儿童的情绪智能培养上,父母及家中的其他长者发挥着关键作用。而要给予孩子以良好的培养,那么,以下几点是十分重要和不可忽视的。

(1)父母要树立好榜样。

父母必须处理好双方之间的关系。如果父母彼此和睦、互相爱护与尊重、善于管理好自己的情绪、表现出乐观、积极向上的心态、设身处地地为对方着想,使孩子生活在愉快和谐的家庭生活中,那么孩子往往感受到安全和温馨,容易产生愉悦的情绪体验,也能够敞开心怀地表达自己的情绪。

而且,父母的榜样作用也会对孩子产生潜移默化的影响。良好的榜样有助于孩子认识、管理好自身的情绪,让孩子知道如何处理消极情绪,如何与他人建立良好的人际关系。相反,如果父母之间经常争吵,尤其是当着孩子的面争吵,造成家庭关系紧张,在这种家庭氛围中成长的孩子容易敏感、多疑,易产生焦虑不安、恐惧等不良情绪,久而久之,影响到他们的心理健康。

(2)建立和谐的亲子关系,关注幼儿的情绪需求。

亲子关系是家庭中的重要关系,它能使幼儿身心和情绪得到健康的成长与发展。婴幼儿自出生就伴随着态度体验和情绪表现,父母对孩子的关爱对他们情绪智力的培养是非常重要的,父母要多与孩子谈心,仔细聆听和观察孩子的言行,鼓励孩子说出内心的感受,观察和接纳孩子的不安和挫折。发现孩子存在负面情绪时,适当给予孩子安慰和支持,帮助和鼓励孩子化解不安情绪,以积极态度生活和学习。

特别是当孩子伤心、生气和害怕时应当循循善诱,多关心、鼓励和支持。这样,来自父母的帮助往往会使孩子感到安慰,增强信心和勇气并在成人后易接受他人的安抚和建议,处理好人际关系。

但这并不意味着要对孩子过分关注。保护型过强的父母多多少少会限制孩子的行为,例如,不放心让孩子做事情,事事干涉,再三过问,久而久之,孩子可能怀疑自己的能力与判断,感到挫折与沮丧,在探索和尝试新活动的时候犹豫不决。因此,做父母的要给予孩子独立的空间,挖掘他们发展的潜力,努力做民主型的父母。

(3) 创造孩子与同伴游戏的条件,并鼓励其参加群体活动。

游戏是孩子的天性,从3岁开始,孩子就非常喜欢和同伴一起玩耍,他们不仅需要从家庭中汲取情感的营养,还需要在与同伴的交往中获得情感需求。现代社会中独生子女家庭父母及家人的溺爱使一些孩子养成了独来独往甚至"唯我独尊"的不好习惯,而与同伴的游戏,是各种情感体验、交流的过程,在游戏中,孩子逐渐意识到只有遵守游戏规则,才能顺利地与他人交往,否则就会失去游戏的机会。这样,孩子自我调节情绪的能力逐渐提高,与人交往的技能得到进一步发展,遇事解决问题的能力也会增强。此外,同伴的榜样作用具有较强的吸引力和感染力,孩子易于接受和模仿好的情绪调控方法,并运用到生活中。

因此,应鼓励孩子多参与群体活动,多与其他孩子做游戏。在群体活动和游戏中体会到自由友爱、愉快和欢乐并逐渐培养和建立起在团体中的归属感,增强社会适应性和改善社交技巧。孩子还会在活动中形成服从角色和规则的要求,无形中培养了自我约束能力和观察别人情绪变化的能力,使今后的人际关系容易和谐。

(4) 培养孩子的移情能力。

移情,是一种替代性的情绪反应能力,指能从主观角度体验到他人内心的情感,能从他人的角度思考问题和处理问题。随着年龄的增长,孩子具备了根据他人的想法和行为来看待问题的能力,这种能力让孩子知道什么时候去安慰哭泣的同伴,什么时候让他独处。对于大多数孩子来说,都能发展移情这一基本社会技能,但如果后天不加以培育,会自然而然地消失。因而,父母要注重对孩子移情能力的培养。这就需要:

首先,父母要引导孩子学会观察他人的表情、声音、行为等,从而判断他人的情感。

其次,与孩子互换角色,让他来体验别人的情感,即换位思考,可通过讲故事的方式进行,让孩子理解故事中的角色,学习故事中的主人公是如何解决问题的,引起孩子的情感共鸣。例如:《司马光砸缸》、《小红帽》的故事等;也可以通过游戏的方式

进行,如角色扮演,在游戏中,孩子扮演着各种角色,从中亲身体验所扮演角色的情感,认识到他人有不同于自己的内心体验。这样,幼儿在角色互换中,能更好地理解他人的情感,设身处地地为他人着想,从而学会理解别人。

55. 如何培养幼儿的创造力

——幼儿创造力培养的一些建议

创造是个体产生新的观念或产品,或融合现有的观念或产品而改变成一种新颖的形式,相应地这种能力就是创造力。创造力是人类发展的动力。经过近些年来的系统研究,人们普遍认为创造力是每个人都具有的,吉尔福特曾经说过:"迄今人们获得的有意义的认识之一是,创造性再也不必假设为仅限于少数天才,它潜在地分布在整个人口中。"我国著名教育家陶行知也曾经说过:"处处是创造之地,天天是创造之时,人人是创造之人。"

不仅如此,研究表明:幼儿期是创造性思维形成的黄金时期。幼儿具有创造力的萌芽,他们的创造力具有不自觉性、不稳定性和可塑性强等特点,利用他们的可塑性对他们进行早期教育,使其创造力趋向自觉、稳定,让其处于萌芽状态的创造力得到发展是幼儿教育的一个重要任务。创造力的发展需要适宜的环境,每个人都拥有发展创造力的可能,但是不一定拥有发展创造力的条件。研究结果表明,成年人有意识地与幼儿在一起活动,可以激励孩子创造性思维,从而开发训练和提高他们的创造力。那么,应如何有效地开发和培养儿童的创造力呢?

(1) 引导幼儿将兴趣与毅力统一。

培养幼儿的学习兴趣、求知欲望,是发展幼儿智力,获取知识和技能的动力。要让幼儿多体验、广泛了解事物。只有对某一事物有所了解,才谈得上产生兴趣,只有对知识产生浓厚的兴趣,幼儿才会主动去探索、求知。一般而言,知识越丰富,兴趣越广泛;毅力是一种坚持到底的精神,培养毅力的主要方法,就是训练孩子干什么事情都要坚持到底。一个游戏要做完,一幅画要画完,一套操要做完等,这些良好的学习习惯,是幼儿获取知识和技能、发展智力以及今后在学业上取得成功的重要条件。

(2) 教会幼儿借助类比方法。

在探索未知事物的过程中,可以借助类比的方法。类比是创造的重要途径,许多创造都是类比的产物。把陌生的对象与熟悉的对象比较,把未知的东西与已知的东西比较,例如:飞机是与鸟类比的产物;机器人是与人类比的产物。要使幼儿从小习惯于类比、善于类比,最主要的方法就是经常让幼儿带着"它像什么"的问题去观

察事物,引导他们寻找事物的共性,渗透类比意识,培养类比的能力。

(3) 激励幼儿敢于质疑的精神。

怎样培养这种精神呢？对幼儿的提问和反问行为要表现出十分喜欢的态度,尊重提出问题的幼儿。家长必须学会正确对待儿童提出的问题,关键点不是提供答案,而是在幼儿自己不能想出答案时,提供有关的信息,还要留出时间让幼儿提出诸如"为什么汽车不能像飞机那样飞"、"为什么太阳比月亮大"等问题,并花时间与他们一起讨论,认真作出答案。

(4) 鼓励幼儿表达富有想象力的思维。

没有想象力就没有创造力。对于幼儿来说,想象比知识更重要,它对幼儿创造力的发展有着重要意义。因此,应尽量挖掘幼儿所从事的各项活动的想象功能,鼓励想象、促进想象。如:故事讲到关键的地方暂时中止,激发幼儿去想象以后的情节会怎样发展,待幼儿充分展开想象后再继续讲故事;或选用一些较抽象的图画让幼儿讲述,以使他们自由地发挥想象。

(5) 培养幼儿善于发现问题的能力。

善于发现问题,这一品质与观察力和判断力密切相关,如果没有敏锐的观察力,许多问题就会从眼皮底下溜掉。培养幼儿善于发现问题,实质上是协同提高观察能力和思维能力,发展直觉洞察力和独力思考能力的过程。因此,在幼儿生活实际中,我们要促使幼儿主动地探索、主动地发现。具体可以通过"找错误"活动进行培养。例如,给幼儿一幅鸡浮在水面上的画,讲一个有错误的故事等,让他们找出错误。总之,在家长与幼儿共同活动中,可以有意识地设置一些错误和疑难问题,让幼儿去发现,以增强他们对错误或疑难问题的敏感性。

(6) 鼓励孩子预测事物的结果。

预测事物的结果是一种对事物因果关系进行推断的能力。如何教幼儿预测事物呢？主要方法就是引导幼儿去认识和寻找事物间的因果关系,如阴天与下雨、花草生长与阳光空气等。幼儿有了一定的经验之后,成人可以提出一些假设,让幼儿联想和判断其结果。如:"如果地球上没有水,将会发生什么事情？"、"假如没有空气会怎样？"这样的训练会使幼儿养成预测结果的习惯,从而增强创造性。

创造性思维是幼儿智能结构的核心,培养和发展幼儿的创造力,就是鼓励幼儿展开想象的翅膀,大胆尝试,勇于创造。

56. 创造的误区

——幼儿创造力培养存在的误区

幼儿时期是人生创造力培养的一个关键时期。长期以来,我们在强调幼儿创造力的培养同时,又存在一些值得商榷的问题。提出以供家长参阅,并加以借鉴。

(1) 片面强调求异思维而忽视求同思维。

需要注意的是,求异以培养幼儿创造力是手段而非目的。不要提出任何问题,或者幼儿从事任何一项活动,成人都要求幼儿做到"和别人不一样"。如果不一样,就会鼓励、表扬幼儿;如果一样,一般反应平淡。幼儿为了"和别人不一样",有时脱离活动对象、内容而随意地、不经思考地回答,回答结果虽然和别人不同,但是,他们思考与倾听、欣赏别人的观点与否,不得而知。幼儿对别人观点的尊重和某种程度上的认同值得珍视。我们要密切注意每一个人的独特性,但不能忽视创造也是一种集体活动。因此,培养创造力,既要重视求异思维也要重视求同思维。

(2) 把操作能力和创造力划上了等号。

由于幼儿创造力的发展首先表现在幼儿的动作发展中,加上动手操作的结果易衡量、易评价,因此操作能力成了培养、表现、评价幼儿创造力的载体,发展创造思维、创新精神等反而成为培养操作能力的途径。创造力也有内隐的和外显的两种形态。我们在教育中更多的是要培养那种以某种心理、行为能力的静态形式存在的内隐创造力。如果创造性活动的价值仅仅取决于幼儿能否完成创造性活动的结果,那么这一活动本身就会成为幼儿的负担。

(3) 为创造而创造,人为地将知识传递过程和创造过程对立起来。

幼儿对周围事物充满着好奇和疑惑,但同时又缺乏对人类已有文化知识和经验的掌握。幼儿在理解他所接触的世界时,有独特的视角,这正是创造力的表现。幼儿理解的过程正是他创造的过程。他创造性地在自己已有认知结构的基础上去同化或顺应未来的知识、经验、技能甚至情感。然而,由于对创造的理解有误,成人自己往往忽视幼儿在传递过程中的创造性。更令人不解的是成人一方面无视幼儿的创造力,另一方面又为了培养幼儿的创造力设计了各种活动,人为地将传递过程和创造过程对立起来,这种认识和实践的偏差导致了成人和幼儿双方为了创造而创造,为了创造结果而创造,割断了幼儿创造与鲜活的生活实践以及生动的教育过程之间的联系。

(4) 将幼儿创造力培养提到各种能力之首。

一些成人为培养幼儿的创造力,刻意设计"创造性活动",使得创造依附于某种特定的对象,有意无意地将创造物化为创造结果。由于传统教育忽视创造力的培

养,现代幼儿教育将创造力培养提升为各种能力之首,甚至为了培养创造力而忽视或牺牲其他素质的培养。创造力和人的其他能力应该处于同等地位。幼儿创造力的培养应融入日常生活中。家长要抓住幼儿身边发生的每一个能激发他们思考、想象以及他们感兴趣的事、物、情、境,让幼儿内在的创造冲动释放出来。

总之,在培养幼儿创造力这一点上,家长要了解处于特殊年龄阶段的幼儿的特点。确立一种幼儿创造观,认识到他所从事的每一项活动都可能正在培养幼儿的创造力,从而实现一种观念上的转变,即从幼儿的角度理解创造。只有这样,才能让家长切实感受创造、理解创造、接受创造,从而更好地培养幼儿的创造力。

第三篇　营养健康篇

57. 婴幼儿不会视力低下吗？

——婴幼儿视力保护的重要性

近视是我们国家和世界许多国家、地区学生的常见病和多发病，一般情况下近视的患病率随学习阶段的升高而不断上升(大学＞高中＞初中＞小学)。这样一来，很多家长就容易忽视幼儿期孩子的用眼保护。然而，据调查，小学一年级刚入学的新生近视率就已经达到20％，与学龄前儿童较多迷恋电视节目(尤其是儿童节目)、网络游戏以及户外和体育活动较少等因素有很大关系。而且，在幼儿园，戴眼镜的"小博士"频频出现，视力低下的幼儿也较以前有所增加，这给幼儿的正常活动造成了一定的影响。

为什么学前期的孩子也需要保护视力呢？许多家长认为在幼儿园的孩子们用不着特别关注视力，那是到小学、中学才应该想的。这样想可是不对的哦，让我们来看看医学专家的说法。

在医学界，儿科医生们都会提醒家长注意孩子的眼睛保护，不要等到孩子近视了才想起来要保护。因为幼儿期是儿童视觉器官发育、视力发展、视力保健意识发展的敏感期及视力卫生习惯形成的重要时期，也是某些眼疾矫治的有利时期，在生长发育的过程中，如果不注意保护幼儿的视力，幼儿的视觉发育和用眼习惯等都可对幼儿视觉产生影响，造成视力低下。

另外，由于学前期儿童自制力较差，在看儿童读物时往往不注意用眼卫生(如眼书距离太近、躺着看书等)；而有些儿童读物字体太小，纸张太暗，对儿童视力也有不利影响。况且，学前末期孩子写写画画明显增多了，与电视、电脑等打交道的机会也多了，因此，从学龄前就应该重视儿童视力的保护，培养良好的读写和用眼卫生习惯。看电视、玩电子游戏要有节制，适当增加户外活动时间，经常检查视力，建立儿童视力"档案"，一旦发现视力低下，要找出原因，及早采取矫治措施。而做这些，都需要细心周到的家长的全面呵护，才能帮孩子把前进的道路一直照亮。

所以，学龄前儿童的视力保护也不能忽视，做好这一时期的儿童视力保护工作，必将使孩子受益终生。

58. 为什么幼儿也会视力低下

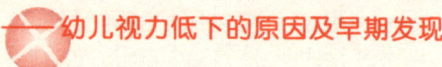
——幼儿视力低下的原因及早期发现

在整个学前期,儿童的视力都在不断增长,直到5~6岁时才达到视力表的1.0,即达到成人的水平。由于学前期儿童的视力发育没有全部完成,因此是十分脆弱的,很多原因可能影响或造成儿童视力低下。

(1)生理的遗传原因。

医学专家研究认为先天基因的素质是弱视、近视发病率的重要构成因素,这已经被人们广泛接受,如果父母一方或双方均是高度近视,可能造成儿童的先天近视。另外,早产儿的发病较高,这是因为早产儿体质虚弱,发育不良,眼球壁组织韧性不足,承受不了正常眼压的作用,眼轴会拉长变形而影响儿童的视力。

(2)生活、学习习惯的原因。

在幼儿园可经常发现幼儿在看书学习时,读写姿势有很大问题,绝大部分幼儿看书写字时眼睛与书本距离太近;坐的姿势比较好,握笔的姿势较差;画画、书写开始时姿势比较好,坚持性较差;身体其他各部位姿势比较好,手腕姿势较差。

在家中,很多家长不注意提醒幼儿的用眼卫生。如有的幼儿在家看书画画写字时间过长,有的幼儿坐在痰盂或马桶上画画写字,有的趴在床上看书,也有的与大人合用毛巾,造成沙眼等。而当前对孩子视力影响非常大的还有看电视过度,幼儿离园后,家长很少带孩子到户外活动,为了让孩子不吵闹,不影响自己干活,一回家就让其看动画片,有的DVD片是连续剧,看了一盘不过瘾再看一盘,一看就是一二个小时,幼儿晚饭前看,晚饭后还看。有的家长还让幼儿玩电脑。这样让孩子长时间与电脑、电视为伴,使荧光的辐射与亮度长时间刺激幼儿眼睛,很有可能引起视力模糊和减退。

以上原因特别是生活、学习习惯原因,与幼儿视力低下有很大关系。幼儿的人生才刚刚起步,学习的路程还很长,因此家长们要采取一系列措施,将预防幼儿视力低下工作制度化、规范化。

怎么样才能知道学前期幼儿视力低下呢?这依赖于家长们的敏锐的早期发现及与幼儿园的配合。

一是家长可以买一张标准视力表挂在5米远光线充足的墙上,居室小的可以让孩子通过镜子看挂在身后2.5米远处的视力表,并且要耐心教会幼儿识别视标"E"的方向,以测试幼儿的视力。

二是家长应该注意观察幼儿在日常生活中看东西时是否有斜眼视物、看东西歪头、看远处景物时经常眯眼睛、看近物时常常紧皱双眉或者看书写字看电视的距离变近等现象。若幼儿产生这样的现象，家长应该高度关注，及早带幼儿到权威医院进行检查。

三是家长要注意孩子在幼儿园的视力检查结果，若收到通知单应立即带孩子到医院进一步复查治疗，并将复查结果反馈给保健室，以便家、园配合治疗，切莫忽视。

59. 培养幼儿好视力

—— 保护幼儿视力的方法

了解了幼儿视力保护的重要性，家长们可以通过以下方式来保护幼儿的眼睛，给幼儿一双明亮的眼睛和良好的视力。

（1）教会幼儿良好的用眼习惯，并提醒幼儿时常注意。

家长应告诉幼儿在端正坐姿后看书，看书时书本的距离应保持在30～35厘米之间，身体离桌面的距离要保持一拳之远，注意看书画画时坐在灯的右面，并且不在光线过强或过弱的地方看书，不在坐车或行走时看书；同时，家长还应该注意提醒幼儿，如果连续近距离的读书、画画、练琴看谱，时间不要超过1小时，看电视的时间不要超过30分钟；在看电视、电脑时，提醒幼儿眼睛与荧屏要保持一定距离，一般距离为电视荧屏尺寸的6～7倍；在幼儿较长时间看书、看电视、电脑后，注意提醒幼儿休息10～15分钟，放松双眼向远眺望。

（2）提供幼儿均衡的营养饮食，加强体育锻炼增强体质。

由于不同的眼部组织需要不同的营养成分，只有保证丰富的蛋白质、足够的维生素A、充足的维生素C、足量的维生素B、充分的钙质等的摄入，才能满足它的营养需求。因此，平时家长要注意幼儿的膳食均衡，做到粗细搭配，荤素搭配，保证微量元素和维生素的补充，多吃新鲜蔬菜和水果以及海产品等，少吃糖果及甜食。

另外，家长还应经常带孩子到户外进行体育活动、游戏，放松双眼。望远是防治近视之根本，放风筝恰有此功能。并且利用节假日带孩子到大自然中去看看青山绿水，既能增长知识又能赏心悦目。

（3）注意选择适合幼儿的桌椅及书。

幼儿无论在家还是在园学习或生活都需要桌椅，桌椅的高度和比例需要适合幼儿的身体生长和发育。另外，桌椅应时常变换方位，使幼儿能从左、中、右不同角度看，避免斜视的产生，减轻用眼的负担。为幼儿选择的书本大小要适宜，阅读物的字迹清楚，不可太对比鲜明，所用的铅笔不能太细，绘画纸应选浅色的避免眼睛疲劳。

家长可以利用早中晚的一些零碎时间来和孩子一起保护眼睛。

早晨,家长在送幼儿进幼儿园之前,可以找一个空气清新的地方,让孩子自然站立,教他并跟他一起做:两眼先平视远处的一个目标,再慢慢将视线收回;到距眼睛35厘米的距离时,再将视线由近而远转移到原来的目标上。如此反复数次,然后再进行深呼吸运动。

黄昏时分,从幼儿园接回孩子之后,可以带孩子在户外运动,或让他在床前站立,顺时针方向或逆时针方向依次注视窗户的上、下、左、右四个窗角,可舒筋活络,运转眼球,改善视力。

睡前,让幼儿处于坐姿或立姿并闭目,家长双手手掌快速摩擦发烫,而后迅速安抚于孩子的双眼上,这时孩子的眼睛会感到有一股暖流通过。如此反复数次,可通经活络,改善孩子的眼部血液循环。

60. 生活卫生习惯从小处入手

—— 培养幼儿良好的生活卫生习惯

培养幼儿具有良好的生活卫生习惯,对于保护幼儿的生命和健康有重要的意义。随着幼儿年龄增长,活动能力日益增强,各种不安全不卫生的因素也就增加了,成人很难照顾周全。因此,需要教给幼儿一些行为规则,注意培养幼儿按照有利于健康的方式来从事各种活动,才能有效地保护幼儿的健康。

幼儿良好的生活卫生习惯包括:睡眠、饮食以及保持个人身体、服装及环境整洁的习惯。

睡眠是保护大脑的重要手段,也可使身体各部分得到充分休息。分检脑电波可发现幼儿睡眠以1.5～2小时为一周期,每周期为入眠、浅眠、深眠、沉睡这四个阶段。幼儿入睡时即开始分泌生长激素,并逐渐增加,入睡1小时后,达到顶峰,特别是促进骨骼生长激素分泌旺盛,幼儿熟睡时比醒着时的生长速度快三倍。所以应保证幼儿有充足的睡眠,一般不少于12～13小时,其中午睡为2～2.5小时。同时要重视培养良好的睡眠习惯,按时睡眠和起床,不俯卧,不蒙头睡,蜷缩睡,要用鼻呼吸。另外,要培养幼儿按顺序穿脱衣服,并将衣服、鞋袜整齐地放在固定的地方,学习整理床铺,并克服不良睡眠习惯。

良好的饮食习惯包括:愉快地进餐,正确使用餐具,吃饭定时定量,细嚼慢咽,不挑食,不偏食,不边吃边玩,不吃零食。

良好的卫生习惯也能有效地保护幼儿的身体健康,家长应该使幼儿习惯于饭前便后洗手,每天洗脸、洗脚、刷牙,经常理发、剪指甲、擦鼻涕,正确使用手绢,注意保持服装整洁和环境整洁。

要形成幼儿良好的生活习惯,需创设一定条件,采用有效的方法。

首先要创设良好的环境和制定严格的生活作息制度。这是形成良好卫生习惯的基本条件。其次要注意成人教育的一致性和一贯性。幼儿的生活卫生习惯是在成人、家长、教师的指导下经过多次重复才形成的。家庭成员之间对幼儿的要求、态度和教育方法必须一致,才有利于幼儿习惯的形成和巩固。

培养幼儿的生活卫生习惯,家长可以用讲故事、小品表演、表扬鼓励等形式向幼儿进行教育,在培养幼儿生活卫生习惯过程中,榜样作用也十分明显。因此,家长须注意自己的一言一行,因为幼儿好模仿,家长的言行对幼儿起着潜移默化的影响。要求幼儿做到的,家长必须首先做到,这才有利于幼儿形成良好的生活卫生习惯。

61."求人先求己"

——培养孩子的自我保护能力

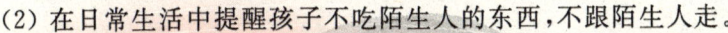

随着孩子年龄的增长,幼儿的各种能力逐渐增强,使幼儿涉足的活动范围也在不断扩大。孩子天生好奇、好动,凡事都触摸尝试,没有自我保护意识和自我保护能力,导致常常会有一些意外伤害事故发生。家长怎样培养孩子的自我保护能力来尽量防止安全事故的发生呢?可以从以下几个方面来努力。

(1)通过各种方法训练幼儿,使幼儿记住家长姓名、家庭住址、家长电话等。

孩子喜欢出去玩,家长也愿意带孩子出去,无论是到公园、商场,还是到其他地方去,可是幼儿的好动天性会让他四处奔跑,家长稍有不慎,孩子就可能跑不见了。所以,在这种情况下,家长要做预先的准备工作,通过各种方法训练幼儿,使幼儿记住家长姓名、家庭住址、家长电话等,告诉孩子在遇到困难时一定要找警察叔叔,这样孩子不至于在走失时束手无策。家长可以通过和孩子一起讨论的方式来指导幼儿,如你与妈妈到商店买东西,突然找不到妈妈了怎么办?你与爸爸一起去公园玩,突然发现爸爸不见了怎么办?

(2)在日常生活中提醒孩子不吃陌生人的东西,不跟陌生人走。

家长要注意告诉孩子在复杂的社会中学会识别坏人,避免自身伤害。如不要随便接受陌生人的礼物和食品,不要轻易听信陌生人的话;不要让陌生人随便接触自己的身体。告诉孩子当遇到危险和困难时,应寻求警察叔叔的帮助或勇敢沉着地应对自救。可以和孩子一起讨论,如果有一天你找不到妈妈了,有人要给你吃东西,你吃吗?如果有人向你问路,并要你带路,你怎么办呢?

(3)以身作则遵守交通规则,提醒孩子在过马路注意红绿灯。

家长在带孩子过马路时,不仅要以身作则遵守交通规则,还应该教孩子认识交通信号灯,让孩子知道并做到绿灯时才能行走。提醒孩子在马路旁行走时要专心,不要玩耍、打闹、逗乐、追逐,更不能到马路上去玩耍,这样会影响行走时的安全,容易发生交通意外。

在过马路时,有过街桥、地下通道的,家长应该带孩子走专用道路。若没有专用通道,家长要提醒孩子过马路左顾右盼,先看左边,过了马路中线,要看右边,养成"一等,二看,三通过"的习惯。

总之,在幼儿期,家长更应该通过以身作则的方式培养孩子遵守交通规则的良好习惯。

(4)教会孩子认识一些常用药品和使用常用工具。

经常会有报道说有年幼儿童误食药物被送进医院抢救。为了避免这类情况发生,家长要教会儿童认识一些家中小药盒中的常用药品。让他粗略地知道外用药、内服药等,消除儿童好奇心和神秘感,增长孩子的知识,减少误食药品等危险的发生。

另外,还要教会儿童正确使用常用的工具。如手工制作用的剪子、小刀子、小锤子等。要教会他们正确的操作方法,让他们懂得这些器械是不能随便拿着玩的,避免器械造成伤害。

(5)加强体育锻炼,让幼儿充分活动。

好动是幼儿的天性,而运动能促进幼儿的身体发展。丰富多彩、形式多样的活动能让每个幼儿真正动起来,这样可以激发幼儿勇敢、机智、细心、克服困难的好品质。家长要重视给幼儿提供足够的时间和空间,合理组织有一定强度和密度的体育活动,有计划地对幼儿进行基本动作训练,提高幼儿的动作发展水平,使其手脚动作灵敏、协调,增强自我保护能力。因为幼儿年龄尚小,家长需要通过一系列的反复练习、实践、强化,使其习以为常,养成正确的行为习惯。

62. 学游泳去

—— 幼儿游泳好处多

游泳是一项体育活动,儿童学游泳好处就是多。

第一,可发展智力。家长们有些担心:惟恐孩子游泳成绩不错,智力却比不上人家,所谓"头脑简单,四肢发达。"有人曾经对学游泳的孩子作了智力测验,结果和不学游泳的孩子没有显著差异,结果都比较好。这主要是因为游泳是一项复杂的水平运动,需要脑、手、脚和身体的协调统一,对大脑的发育有帮助。

第二,增强体质,提高免疫能力。对此,几乎得到了90%以上家长的认可。不少孩子原先是经常伤风感冒的,现在明显减少。游泳是全身运动,体力消耗大,食欲增大,营养吸收好;游泳池的水温与人体的体温要相差10度,能提高体温调节功能;游泳时是用嘴巴呼吸的,有节奏地呼气、吸气、屏气可加强肺部的通气,提高肺功能。

第三,锻炼意志和毅力,培养吃苦耐劳精神。游泳需要孩子付出坚强的意志和忍耐力,无论是多苦多累,都必需要用尽全力完成动作、游到对岸,有时哪怕水温很冷,风吹日晒都必须坚持,这对孩子是一种磨练和考验。

那么,儿童学游泳从何时开始为宜呢?

过去有个倾向总认为年龄越小越好,实际上并不然,从幼儿园大班开始学游泳较合适。因为较小的孩子对游泳池水温条件要求相对较高,而大班孩子在幼儿园或多或少地接受了立正、稍息等体育锻炼,身体对环境的适应能力和抵抗能力都有相应的提高,学习简单的动作也不难,能够比较快地学会游泳。年龄越小越难教,如果以能游25米作为学会游泳的标准,那么三年级的孩子26个小时可学会,5~6岁的孩子要50个小时,而4岁的孩子则要学100多个小时。因此,国外曾对2 000名已出成绩的游泳运动员作过调查,认为最佳的学游泳年龄是7~8岁。

孩子在学游泳时要注意些什么?

第一,安全卫生。要做到绝对安全,"万无一失"。在游泳时小便的次数往往比平时多,故每过15分钟可让孩子去小便一次。

第二,训练孩子的胆量。往往家长考虑较多的是如何教孩子游泳动作。其实,重要的还在于训练孩子的胆量,可以这样做:先用双手扶着孩子跳下水,再用一只手拉着孩子跳入水中或救生圈内。

第三,培养兴趣。最好事先想好一套提高孩子学游泳兴趣的办法,然后和孩子一起玩耍,只要孩子爱戏水,对游泳有兴趣,就容易学会游泳。

第四,创设宽松的心理环境。不要对孩子施加任何压力,不要急于求成,让他循序渐进,从本能游泳转化为竞技游泳。

63. 意外下的镇定

——幼儿意外情况下父母的做法

在平日的生活中,在长长的假期里,孩子们都会很贪玩,也喜欢新奇的东西,什么都愿意试一试,摸一摸,这样会有很多的安全隐患,也可能造成很多意外情况的发生。当发生意外时,家长应该怎么做呢?这里就常见的一些安全事故,谈谈如何避免意外事故以及简便的救治方法。

(1)烫伤。

发生开水烫伤后,要立即用水盆盛满凉水,把伤处浸泡在水中。如果觉得水不够凉,可以加入冰块,使水温下降,这样持续冷却30分钟左右。没有出现水泡的小烫伤,也可以在自来水龙头下直接放水冲洗。

冷却后,待晾干了,在烫伤处外涂湿润烫伤膏,或京万红软膏、蓝油烃软膏等。采用暴露疗法,不要盖纱布。

若是大面积烫伤,在冷却处理的同时,尽快联系医生,尽早送孩子去正规医院救治。

此外,在日常生活中,家长应该注意开水壶、热水瓶、烧锅、热汤碗等物品要放在合适的地方,避免小孩不慎碰倒而烫伤手臂等身体部位。在炒菜、煎炸食物时,让孩子避开,防止热油飞溅。

(2) 切割伤及刺伤引起的外出血。

小而浅的干净小伤口,可以先涂抹抗生素药膏,如红霉素软膏等,外用消毒纱布包扎,或直接贴上创可贴。

伤口不干净时,要首先清洗伤口,先用双氧水冲洗,然后用生理盐水冲净,再涂上药膏、包扎。

如果头部出血,又没有绷带,可以用衣服、帽子、毛巾等包扎,然后到医院由医生处理。如果伤口比较深,为了防止发生破伤风,必须到医院打破伤风针。

此外,在日常生活中,家长应该注意使用刀、剪、锥子等工具时,要有序安放,不乱放。刀具暂时不用时,要放置在安全的地方,特别注意不要突出于砧板或灶台的外面,因为碰落时很容易引发事故。玻璃物品被打碎后,要及时清理干净。一旦被刺伤,要将碎玻璃取出后才能包扎。

(3) 触电伤。

如果孩子触电,父母要赶紧让孩子脱离电源,再根据损伤程度,对症处理。

轻微触电,如被电麻了一下,可以先不做任何处理,观察一段时间,若有病情变化,再进行处理。

如果有烧灼样创伤的触电,可以按照烫伤来处理,即抹一些烫伤药膏。但是严重的电灼伤应尽快到医院去接受救治。

此外,在日常生活中,家长应该注意告诉孩子不要用铁、铜等金属物品去试探家中的电源插座,也不能用手去触摸电线皮剥落处。若发现断落的电线,家长要带孩子绕开行走,并提醒孩子及时报告父母及长辈,让大人来处理。

(4) 中暑。

夏日炎炎,孩子喜爱嬉闹,容易中暑,若孩子发生中暑,要赶紧把孩子带到阴凉通风的地方,松开衣服,让身体内的热量发散,使身体凉爽些。

若孩子出现高热,要用水或酒精涂抹身体,使身体内的热量尽快发散,降低体温。然后饮用冰镇的盐开水或苏打水,一方面补充身体所需的水分,另一方面降低体温,减轻中暑带来的损害。

此外,家长还应该注意烈日当头时,尽可能让孩子待在家里,避免外出。若必须外出,则让孩子带上遮阳物品,如太阳帽、太阳镜、遮阳伞等,同时家长可以随身带一些备用药物,如人丹、十滴水、藿香正气水(胶囊)等。

嬉戏是孩子童年中非常美好、值得回忆的事,不要让意外伤害成为孩子一生中痛苦的记忆,我们须多用些心思,给孩子一个安全、幸福的童年!

64. 乳牙坏了用不用补

——保护乳牙的原因及方法

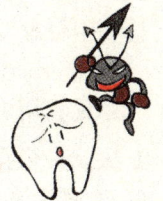

幼儿园一年一度的牙齿检查又开始了,医生发现很多的孩子都有龋齿,严重的要补9或10颗左右牙齿。小班的豆豆也不例外,好几颗牙齿都蛀了,连门牙都变黑了。当豆豆老师让豆豆妈妈给豆豆补牙时,豆豆妈妈却说:"没有关系的嘛,反正豆豆的乳牙早晚是要换的,不用去医院补了。"

乳牙坏了真的没有关系吗?

其实,这样想可真是大错特错了。

美国研究人员发现:孩子在19~24个月之间最容易感染导致牙病的细菌,这个时期被称为潜在的感染期。不要以为孩子的乳牙早晚要换而掉以轻心。

龋齿(即蛀牙)是儿童最常见的口腔疾病之一,世界卫生组织将其列为全球范围内需要重点防治的第三位非传染性疾病。儿童乳牙发生龋洞后,如不及时充填,龋蚀将越来越严重,势必影响食欲和消化,导致营养不良,影响正常的生长发育。严重者还会继发牙髓炎、齿槽脓肿、颌骨骨髓炎等,龋蚀的牙齿作为各种细菌的藏匿地,还可通过变态反应等方式,诱发诸如风湿性关节炎、心脏病、肾炎、心内膜炎等全身性疾病。

另外,乳牙本身也有很重要的功能:第一,乳牙引导着恒牙的长出,想有一副好的恒牙是以乳牙为基础的;第二,如果乳牙腐烂后脱落,会影响连接牙齿的骨骼,进而影响将来恒牙的生长。

一名专家曾调查发现,乳龋未充填组儿童各项发育指标明显低于乳龋充填组,身高平均低1.6cm,体重平均低1.1kg,血红蛋白平均低4.2g/L。为了保证儿童正常的生长发育和身体健康,一旦发生龋齿应及时去医院充填治疗。

要保护好孩子的乳牙,可以通过以下方式。

(1)选择适合孩子的牙刷,按照标准的办法给孩子刷牙。

为孩子选择牙刷时,尽量选择儿童专用、软毛的牙刷。孩子何时开始使用牙刷刷牙并无一定的准则,通常是在幼儿长出较多牙齿,且已习惯每天清洁口腔时开始。

全国牙病预防指导小组推荐一种竖刷法:将牙刷头平行于牙面,并与牙面成45度角,然后顺着牙的长轴刷;刷上牙时从上往下刷,刷下牙时从下往上刷,刷后牙咀嚼面时,前后来回刷;里里外外都要刷到,每次3分钟。

(2)在孩子两岁以后,要坚持定期给孩子做牙齿检查。

儿童牙医建议,2岁之前的幼儿,应该每年看一次牙医。牙医会给出这个阶段保护孩子牙齿的方法和建议,比如不要夜里给孩子喂糖水等。3岁以后,最好每6个月带孩子去看一次牙医,检查有没有龋齿。这个年龄段,两侧的牙齿容易发生龋齿,在临床检查中较难发现。同时,由于孩子的牙间距很小,有时医生会建议做透视检查。

(3)为孩子提供平衡的膳食,坚固孩子牙齿。

从出生到10岁,是孩子长牙的时期。为了让孩子的牙齿长得坚固结实,最好的方法就是膳食均衡。多给孩子吃些奶制品,因为奶制品含有丰富的钙质。同样,蛋白质、维生素和矿物质的摄入对牙齿生长也起着重要的作用。最近人们发现,还有一些食物对牙齿的生长有着意想不到的好处,如奶酪、巧克力和以可可为原料的食品。除了食物本身以外,孩子进食的次数对牙齿生长也有重要的影响。孩子一天吃饭(包括加餐)的次数不应超过5次。

65. "胖胖"不胖了

—— 谈肥胖儿童的矫治

说起冬冬,大家都不记得他的真名,不约而同都替他取名为"胖胖"。"胖胖"的确名不虚传,他的胸部、髋部、腹部、肩胛部等处都积满了一团团的脂肪,远看成了个"大肉球",才满6岁,体重就达26千克,超过同年龄儿童平均体重6千克。由于太胖,显得很笨重,平时也不爱动,表现又馋又懒。冬冬怎么会长得这么胖呢?

原来冬冬是父母的独生子女,家中经济条件也较优越,父母平时十分依顺他,渐渐养成了任性的坏习惯。平时冬冬最爱吃油腻的荤菜,大肥肉一餐就能吃三大块,一连能吃掉两个大鸡腿,见到蔬菜、豆制品就头痛,总要吐掉。平时巧克力、饼干、话梅、怪味花生等常不离口。父母认为孩子能吃就能长身体,越吃得多越长得健,于是也就乐呵呵地让他吃。父母又宠惯孩子,在家里什么事情都不让他做,只要坐着吃吃,看看电视,翻翻图书。整天待在家里不出门也不运动。久而久之,由于热量摄入过多而消耗太少,胖胖就越长越胖了,走路也走不动了。妈妈见冬冬越长越"笨重",非常着急,去求教于医生。医生回答:孩子生长发育要靠从饮食中摄取蛋白质、糖、脂肪、矿物质、维生素、氨基酸等多种营养素,但是如果长期吃过量的肉、鸡等荤菜会使幼儿体内脂肪过剩,成为肥胖儿童。肥胖使孩子的心脏和呼吸系统增加了负担,

稍一活动就会呼吸困难,心跳加快,影响健康。孩子长期不爱吃蔬菜不但容易得维生素缺乏症,而且因缺少纤维素,还会影响胃肠的消化能力。另外,不吃豆制品往往使有些孩子发生营养性贫血。医生认为,胖胖再这样胖下去,会严重影响身心的健康发展,建议及时采取以下措施,逐步减肥。

首先,在饮食方面,应参考不同年龄的幼儿每日膳食中营养素的合理供给量,严格控制冬冬的进食。冬冬才满6岁,一般6岁幼儿每日所需热量标准供应1700千卡,蛋白质52克。6岁幼儿每人每日主要食物用量为:谷类250～350克,鱼肉蛋50～75克,蔬菜250～300克,豆制品65～100克,代乳粉25克,食油7克。糖尽量少吃或不吃,少吃土豆、山芋等食品,因这类食品碳化合物含量高,尽量少吃或不吃油煎食物,脂肪类食品要多控制。多吃些热量低而体积大的食物如芹菜、萝卜等。以面食米饭为主,蛋白质应根据生长发育需要,每天每千克体重不少于1～2克。总热量需要按体重需要减少百分之三。

其次,增加体育活动。在幼儿园跟同伴积极参加"二操"活动。特别是户外锻炼,如拍球、跳绳、散步等。在家里也要让他参加些力所能及的劳动,并带领孩子搞些家庭小锻炼活动。运动也要注意由浅入深,逐渐增加运动量及每次的运动时间。

再次,加强正面教育严格要求孩子不挑食、不贪吃零食、不偏食。在这方面,家长首先应作好身教作用。吃饭时不当着孩子的面议论自己不爱吃这个、不爱吃那个等等,以免影响孩子。如发现孩子不爱吃某种食物,要查明原因,改变做法,尽量把食物做得好吃些,想办法让孩子吃下去。在给孩子一种新的食物时,要向孩子解释为什么要吃这种饭菜,对身体有什么好处等,以引起他对这种食物的兴趣,平时常常跟孩子讲些道理而不过分溺爱孩子。

经过5个月的综合调理,冬冬的身体由原来的26千克减至20千克,胖胖不胖了,胖胖变得更灵活、更健康可爱了。

66. 孩子,你在成长

——孩子生长痛的原因及缓解办法

雯雯的妈妈气冲冲地对雯雯的老师说:"你怎么带的孩子啊,孩子昨天晚上一直叫腿痛,是不是在幼儿园摔了?"雯雯老师很委屈,因为雯雯昨天在幼儿园玩得很好,根本没有看到她摔跤啊,而且雯雯的腿上也没有什么摔伤的痕迹呀。

其实,这可能是孩子的生长痛在作怪。儿童生长痛是小儿生长发育过程中出现的一种生理现象,主要表现为肢体疼痛,也可伴有其他关节的疼痛,甚至可出现腹痛,但以下肢大腿部位的疼痛最为多见。疼痛通常发生在黄昏前后,过度运动、疲劳可使症状加重,休息后自行缓解。疼痛发作一般没有规律,每次持续几分钟至数小时不等,多数比较短暂。疼痛可反复间断发生,病程短的数月,长的可达数年,但一般等到孩子身体发育成熟后会自然消失。

生长痛的原因至今仍未明,一般认为是骨头与肌肉生长的速度间未能协调所致。骨骼生长的速度快,而周围的神经、肌腱、肌肉的生长相对慢一些,就会在关节处由于肌肉的牵引压力导致疼痛。有专家指出,关节活动度较大的孩子比较容易发生;但也有人认为生长痛类似幼儿的反复腹痛和头痛,并非真正的疼痛,而是属于心理层面的痛感。

专家介绍生长痛主要有三个特点:即生长痛多为下肢疼痛、多为肌肉性疼痛并且疼痛多发于夜间。

如果雯雯妈妈带雯雯去医院确定雯雯是生长痛的话,就不用这么生气和紧张了。雯雯妈妈可以采取以下的办法来帮助雯雯减轻疼痛。

(1)让孩子及时休息。

如果孩子回家后感觉太累,或觉得下肢疼痛,家长就不要勉强孩子再做更多的运动,应让其多加休息,让肌肉放松,不要进行剧烈活动。

(2)局部热敷、按摩。

如果孩子的疼痛较重时,爸爸妈妈可用热毛巾或热水袋对孩子疼痛部位进行局部按摩或热敷,也可以外搽清香止痛霜,以舒筋活络。在进行热敷或按摩时要注意揉捏的力度,让孩子在温柔的抚摸下入睡。

(3)转移注意力。

转移注意力是让孩子忽略疼痛的有效方法。爸爸妈妈可以用讲故事、做游戏、玩玩具、看卡通片等方法来吸引孩子。对待孩子要比平时更加温柔体贴,因为家长的鼓励和精神支持,对孩子来说才是最重要的镇痛良方,有时甚至比药物还有效。

(4)食物补疗。

让孩子多摄取可以促进软骨组织生长的营养素,如牛奶、骨头汤、绿色蔬菜、虾、贝类等食物。而维生素C对胶原合成有利,可以让孩子多吃一些富含维生素C的蔬菜和水果,如青菜、韭菜、菠菜、柑橘、柚子等。在食疗方面,家长可以多给孩子进食,食补的效果远远优于药补,以满足孩子骨骼迅速生长对钙的需求。

67. 孩子今天自己睡

—— 让幼儿学会独自睡觉

亮亮今年已经5岁了,可是每天晚上还要和妈妈睡在一个被窝里,搂着妈妈的脖子才肯入睡,妈妈几次想让他单独睡,他总是又哭又闹,最后,还是由妈妈妥协才告结束。为这事亮亮妈妈觉得很为难,其实孩子要妈妈陪着睡,多半是出于情感上对母亲的依恋,或是有惧怕心理。解决的办法是,首先要了解孩子不肯单独睡的原因,再有针对性地采取措施。

如果是出于感情上的依恋,就要设法使孩子摆脱依恋,平时父母对他的爱要爱在心里,少流露于形色,并少对他搂抱、抚摸等,淡化对他的注意,并多采用鼓励的口吻对他说:"亮亮长大了,是男子汉了,男子汉做事可有办法啦,不要缠住爸爸妈妈帮忙了。"使他增强独立性和自信心,同时,还可以有意地带他

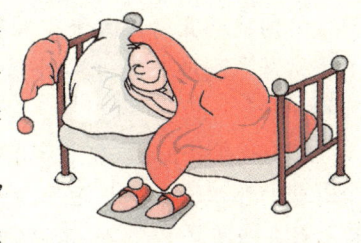

到亲友或邻居家去玩,当着他的面询问那家孩子(比如叫"冬冬")晚上跟谁睡,当孩子回答是自己一个人睡在小床上时,你可以表现出非常惊喜的样子,说:"啊,冬冬真行!一个人睡一张小床,像个大孩子了!"接着,就参观他的小床,夸他的小床舒适、漂亮,并对自己的孩子说:"我们亮亮也想有这样的一张小床吧?明天,妈妈带亮亮一起去买,我们也把它收拾得漂漂亮亮的,亮亮也要自己睡小床了。"在这种情境下,亮亮会由羡慕而产生想要小床愿望,并想在同伴面前表现自己也长大的气慨,而乐意接受这个建议的。

第二天,父母可与孩子一起去挑选、购买小床,等买回家并布置好以后,让孩子自己去邀请小朋友来参观,增强他的自豪感。然后,再逐步放手,使孩子学会独自睡觉。起初,妈妈可以坐小床边看书,陪他入睡,等他睡着后离开,第二天及时鼓励他,使他觉得一个人睡也很好,等习惯后就可以让人不要陪伴地独自睡了。

如果孩子是出于惧怕而不敢独自睡觉的话,平时就要帮他克服胆小的缺点,并绝对不要用恐吓的办法进行教育,而要耐心诱导,用故事、诗歌或形象化的讲解,使他知道白天、黑夜是自然现象,它们交替进行着:"白天,太阳公公上班了,它照亮了大地,人们在工作、学习,小朋友在幼儿园上课、做游戏。晚上,太阳公公下班了,月亮婆婆上班了,它告诉我们天黑了,周围都已安静下来,该上床睡觉了。小星星眨眨眼睛睡了,小鸟睡了,爸爸、妈妈和亮亮也要睡了。月亮婆婆一直不睡,它在高高的

天空中,守着我们大家,让我们安安心心地睡觉呢!"这样解释能帮助孩子克服惧怕心理。在让孩子过渡到独睡时,先把小床紧靠在大床边放置,妈妈和孩子同时上各自的床,睡下后彼此又都能看得很清楚,以增强孩子的安全感,以后再逐步把小床移开些放置,也可以在孩子枕边放上一个他喜爱的小动物玩具,让小动物陪他一起睡觉,这也会使他感到心里踏实。实在没条件分床的,至少分被窝睡,因为让孩子学会独自睡觉既有利于他们的身体健康,也有利于心理发展。

68. 孩子入睡难怎么办

—— 不良睡眠习惯的矫正

如何让幼儿每天晚上安逸甜蜜地入睡,一觉睡到大天亮,这是绝大多数父母生活中常常遇到的难题。中外育婴专家经过实践,总结出多种有效的方法,现介绍几种:

(1) 有条件的话,在上床前先带孩子进行一次 10 分钟左右的散步,回家后再洗个舒服的热水澡。这是帮助幼儿入睡的一个行之有效的方法。

(2) 即使是一个 2~3 岁的小孩子,在床上也可以给他一本好看的、内容不会引起孩子恐惧的画册,让他放松神经,看着看着睡意便会悄悄来临。

(3) 在孩子的手背上滴上少许香水,要他用鼻子去闻,一直要闻到香味消失才停止,当孩子凝神深呼吸时,可以快一点入睡。

(4) 如果睡前你还要给孩子吃一些牛奶、点心之类的食物,那么最好选择富含蛋白质的食物,那将比甜食更易帮助孩子入睡。

(5) 可以将孩子小床一边的栏杆放下,推到你的大床旁靠在一起。这样可以让孩子感到亲密、安全和温暖。

(6) 有些幼儿半夜醒来后,因为怕黑难以入睡,可以为孩子在房间里点一盏小灯,或者放一缸装有灯光的热带鱼,只要使房间里有点光亮就行,但不宜太亮。

(7) 原先睡得很好的孩子,忽然常在半夜醒来,就要请医生检查是否有生理上的原因。比如,孩子可能患了中耳炎,平躺的姿势会增加耳膜的压力,致使孩子常常半夜疼醒。

(8) 在半夜拍背哄孩子入睡时,可以想些花样变换拍背的节奏和内容,也可采用不同的拍抚动作,让哭泣的孩子转移注意力,使他有一种亲切感和安全感,重新进入甜蜜的梦乡。

69. 别在床上"画地图"

—— 孩子遗尿的原因及解决办法

依依快3岁了,白天在幼儿园大小便都不成问题,可是一到晚上,如果不在半夜叫醒她起床小便,第二天肯定就要支起竹竿"晒地图"了。依依妈妈很担心,想知道到底怎么回事,是不是依依有什么病呢?

其实,依依妈妈是不用担心的,儿童医学专家会告诉依依妈妈,孩子5周岁以后每周至少发生一次尿床事件(偶尔一次的尿床不包括在内),才算是遗尿症。虽然大部分孩子在2岁或2岁半时,就能在夜间控制排尿了,尿床现象会大大减少。但有些孩子到了两岁甚至两岁半后,还只能在白天控制排尿,晚上仍会常常尿床。不过这种现象也是正常的,算不上遗尿症,父母不用太担心。这是随着神经系统发育,脑干、大脑皮质对脊髓控制的不断完善,孩子的膀胱对排尿的控制会自然形成并逐步加强,也就慢慢地告别尿床史。

知道孩子是正常情况后,依依妈妈放心了,可老是这样也不行啊,那要怎么办呢?依依妈妈可以试试下面的方法。

一是依依妈妈可以用心观察一段时间,看看孩子在哪个时段最容易尿床,掌握规律后,每天夜里就在这个时间范围里叫醒孩子让她尿尿。次数为一夜1~2次,不可过多,否则就会影响孩子睡眠。

二是睡觉前尽量少给孩子喝水,或吃含水分多的水果,如西瓜、葡萄、橘子等。

三是在孩子睡前提醒孩子先去排尿,让孩子养成睡前排尿的习惯。

四是白天不要让孩子玩得太兴奋,户外活动要节制,每天坚持午睡1~2小时,使孩子易于夜间被叫醒。睡觉前更不能让孩子太兴奋,也不能让孩子看紧张、刺激的动画片。

五是如果有条件,尽可能在临睡前给孩子洗个澡,这样能减少孩子尿床的产生。实在不行,洗个热水脚也可起到相应的效果。

六是如果孩子尿床了,千万不要责骂她。因为责骂除了给孩子增加心理负担外,对帮助减少尿床毫无用处。要知道,尿床这件事,对每个孩子来说都是无可避免的。这是成长中的必然,不会因为你的责骂而避免。

70. 不挑食不厌食

——培养幼儿良好的饮食习惯

目前,在独生子女家庭中,幼儿的消极用膳似乎成了普遍性的问题。常听一些家长说:"现在的孩子吃饭像吃药一样难。"也有的孩子吃饭时是边吃边玩,边吃边跑,家长只好跟在后面追,"见缝插针"地喂一口,一顿饭下来家长是累得腰酸背痛,口干舌燥。还有的家长是饭前许愿,吃了饭出去玩或买玩具等来刺激幼儿积极用餐,造成幼儿拼命地吃,很不科学。如此下来,幼儿由于缺乏良好的饮食习惯,消极用餐,导致健康状况不佳,家长又徒增烦恼。由此可见,改善幼儿消极用膳状况,培养幼儿良好的饮食习惯是非常必要的。

幼儿良好饮食习惯的培养应该从何处着手呢?

首先,培养幼儿定时进餐的习惯。

人的肠胃活动是有节奏的,幼儿定时进餐可以促进胃液的分泌,便于消化吸收食物的营养。所以成人一定要坚持让幼儿定时进餐。一天的早、中、晚三餐,必须规定好时间,不随便改动。有时未到用餐时间,孩子喊饿,吵着要提前吃饭,家长也要设法转移其注意力,不要立即塞食物给他吃,否则进餐时又没有积极性了。进餐时,要尽量让幼儿吃饱,免得过不久就讨食物吃。由于习惯的养成需要一定时间的反复练习,因此,家长要有耐心。

其次,培养幼儿定位进餐的习惯。

所谓定位进餐,是指让他们在一个固定的座位上进餐。幼儿定位进餐不仅家长可以节省时间和精力,保持环境的清洁卫生,还可以避免幼儿吃饭"漫不经心",养成边玩边跑边吃的坏习惯。从积极方面来说,定位进餐,可以使幼儿吃饭时集中注意力,保持稳定的情绪,促进肠胃分泌活动,还可以养成他们做事的认真负责态度。由于幼儿爱动,而且好奇心强,要培养他们定位进餐的习惯,开始时是会遇到很大困难的。起初幼儿往往会离开自己座位,爬到成人饭桌上抓东西吃,或者到处走动,大人不得不跟着他们到处喂饭。在培养幼儿定位进餐时,应该给他们安排一个舒适的位子,使用美观的餐桌或餐具,没有条件的家庭,可以让孩子坐在手推车里吃饭。在孩子吃饭之前,可以让他们看看成人餐桌上的饭菜,当他们知道成人的饭菜和他们的饭菜相同时,他们便解除了好奇心,也就能安心坐下来吃饭了。在幼儿刚刚接受定位进餐还未形成习惯(当然最好是在婴儿期能坐着吃饭时就培养)时,家长要在他们进餐过程中不断地观察并给以必要的提醒和帮助。

第三，培养幼儿独立进餐的习惯。

幼儿应该独立地进餐，要培养幼儿在自己座位上独立地吃完一份饭菜。最初，幼儿即使在自己座位上吃，也不一定能认真吃完一份饭菜，要成人适当地帮助一下或喂人口，然后再逐渐让幼儿自己认真独立地吃完饭。要做到这一点，成人必须在幼儿吃饭的过程中不断地给以鼓励、称赞或投以赞许的目光，以树立幼儿的自信心和用餐的积极性。此外，还要注意给幼儿的饭菜量不宜太多，家长可以估计一下幼儿的食量，先少给一些，宁可让他们吃完后再添，不要一开始就给得太多，不仅会造成幼儿对用完餐没自信心，而且饭菜总是不见少，也会使孩子对进餐没兴趣，结果吃不完，反而会形成幼儿对浪费饭菜无所谓的心理，真可谓"得不偿失"，实不可取。

总而言之，要使幼儿能正常发育，健康成长，家长必须逐步培养幼儿具有饮食习惯，而且必须坚持教育的连续性和家庭成员互相配合的一致性。

71. 不要轻易说孩子患了多动症

—— 谈儿童多动症的分辨

小唯总是安静不下来一分钟，喜欢跑来跑去，东摸摸西摸摸，就是不愿意坐着，妈妈和老师都担心小唯是不是有多动症。

那么到底什么是多动症呢？难道喜欢活动的孩子就应该被称为患有多动症吗？

早在1845年，德国医生霍夫曼第一次将儿童活动过度视作病症。此后，许多精神病学家、儿科专家、心理学家及教育家从不同的角度，对这类儿童行为问题进行了更深入的研究。在之后的近二十年间，不少学者在对具有这一病症的患儿实施神经系统检查时发现，约有半数出现轻微动作不协调，以及平衡动作、共济运动和轮替动作等障碍，认为可能是由脑功能轻微失调所引起的。于是,1962年各国儿童神经科学工作者聚会牛津大学，决定在本病病因尚未搞清之前，暂时定名为"轻微脑功能失调"(Minimal Brain Dysfunction)，MBD 就是这种病症的英文缩写。1980年，美国公布的《精神障碍诊断和统计手册》(DSM——Ⅱ)中，将此命名为"注意缺失障碍"(Attentional Deficit Disorder)，简称 ADD。

"注意缺失障碍"，顾名思义，患多动症的孩子注意力有些缺陷。那么怎么分辨喜欢活动孩子和多动症孩子呢？我们可以从下面几方面来判断。

(1) 注意力是否集中。

正常好动的孩子，虽然也有注意力不集中的表现，但对有兴趣的事情，却能专心致志，很少分散；而多动症的孩子无论何时何地都不能较长时间地集中注意力，包括看电视、电影、连环画等。

(2) 是否能控制自己。

正常儿童虽然会表现散漫，如上课做小动作，甚至吵闹打架，但当他意识到必须控制自己时，他能控制得住；而多动症的孩子却完全不能控制自己，想到什么做什么，没有明确目的，表现为幼稚、任性、克制力差、一点小事就喊叫哭闹，脾气暴躁，做事易冲动而不顾后果。

(3) 动作是否灵活。

正常孩子作快速、反复和轮换动作时表现得灵活自如；而多动症的患儿却表现得很笨拙。

(4) 刚好相反。

中枢神经兴奋剂能使正常儿童引起兴奋；而患多动症的儿童服用后，却很快地表现得安静、少动、注意力呈相对集中。当多动症儿童服用镇静剂时，反而出现兴奋、多动。因此，对被怀疑的孩子，不妨给他们喝些咖啡或浓茶，如果孩子没有突出表现时，希望家长不要随便带孩子到精神病院去就诊，否则会给孩子心理上造成不良的刺激，也不要随便对孩子说"你是多动症"，这样做，反而会影响孩子的智力发展，增加精神负担。

目前医院多采用常用康纲氏儿童多动症评定量表来评定一个孩子是否为多动症，对父母有一定的参考价值。

	项目	程度			
		无(0分)	有一点(1分)	较多(2分)	很多(3分)
1	动个不停	□	□	□	□
2	容易兴奋或冲动	□	□	□	□
3	打扰其他小孩	□	□	□	□
4	做事有头无尾	□	□	□	□
5	坐不住	□	□	□	□
6	注意力只能短暂集中，易随环境转移	□	□	□	□
7	要求必须立即得到满足	□	□	□	□
8	好大声叫喊	□	□	□	□
9	情绪改变快	□	□	□	□
10	脾气暴躁，有不可预料的行为	□	□	□	□

注：可按数字级别判定症状，逐次打勾，然后将每次得分累加成总分，总分在15分以上者，应怀疑有多动症，要尽快查明原因，以便及早治疗。

72. 吃零食也能补充营养吗

—— 幼儿吃零食弊大于利

幼儿正处在生长发育旺盛时期，充足的营养能保证其健康成长。一些爸爸妈妈们，因为嫌孩子的饭菜吃得少，就想通过孩子吃零食来补充营养。殊不知，这种做法不仅不能使孩子得到必需的营养，反而害了孩子。

首先，我们从幼儿的胃肠机能特点来看。食物进胃后，一般需要4～6个小时才能完全排空、进入小肠。而幼儿年龄小，他们的胃容积小，胃壁发育还未完善，伸展蠕动机能差，消化液浓度稀，消化能力就比成人弱很多。因此，在安排餐点时，一般两餐之间相隔3～4个小时。有规律的进餐，能形成良好的条件反射，到了该进餐的时候就会出现主观食欲，即会感到饥饿，想吃饭。但是，当成人给幼儿吃一些零食时，无疑使幼儿的胃在两餐之间增加了工作量，迫使它们超负荷地蠕动，得不到应有的休息。到了真正应该吃饭的时间，肚子就不会感到饿。然而，正常的饥饿感是食欲旺盛的必备条件。如果孩子经常吃零食，终日似饱不饱，久而久之，就会引起食欲不振，进食减少，不仅营养不良，而且胃肠机能也会遭到严重损害。

其次，我们从营养学的角度来看。所谓充足的营养，是指各种人体必需的营养素在种类上齐全，缺一不可，在数量上达到一定的标准，还要配比适宜。因为每一种营养素都有其自身的机能，一旦缺乏都会不利于幼儿健康成长。如佝偻病就是因为缺乏维生素D及钙而引起的。因此，不能用某一种营养素来代替另一种营养素。那么，各种营养素是否越多越好呢？也不是如此，有的营养素太多会造成浪费，如水溶性维生素；而有的营养素太多会造成疾病，如脂溶性维生素。所以我们在给孩子的食物中应荤素搭配，各种食物搭配合理，才能保证孩子摄入蛋白质、脂肪、糖类、维生素、无机盐、水、纤维素等各种营养素。当我们用零食来补充营养时，这种平衡就被破坏了。零食中最多的为糖果、巧克力类，其中含量最多的为糖，如果摄入过多，也是造成儿童过胖的原因之一。太胖的孩子心脏和呼吸系统都增加了负担，稍一活动就会呼吸困难，心跳加快，而且成年后，也往往是个大脚丫子，容易得冠心病等疾病。

综上所述，吃零食有害无益，家长不要让孩子养成从小吃零食的坏习惯。

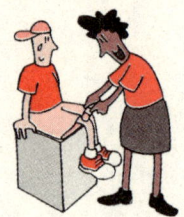

73. 冷敷还是热敷

——怎么使用敷的方式帮助孩子减轻病状

很多妈妈向老师表达自己的疑惑,不知道在什么样的情况下给孩子使用冷敷,什么样的情况下应该给孩子使用热敷。

(1)冷敷。

适合冷敷的情况有:孩子不小心碰的肿块(未破皮的);早期的皮肤急性炎症,如疖肿等,在未化脓前适合冷敷;孩子高烧时冷敷额头也可以退热降温。

冷敷的作用:由于孩子的皮肤娇嫩敏感,冷敷可使皮肤周围的血管收缩,减少血流量,防止皮肤出现水肿,另外还有镇痛、麻醉和解除皮肤痉挛的作用。

冷敷主要可以采用冰毛巾或冰袋来进行:把毛巾放在冷水或冰水内浸湿,拧干后放在患处,最好两块毛巾交替使用。冷敷后用毛巾擦干皮肤。也可以专门为孩子做冷敷的冰袋,冷敷时直接把它放在孩子的额头、腋下、腹股沟等处。热水袋和双层塑料袋也可以做冰袋。

需要提醒家长注意的是,给孩子的冷敷时间不宜过长;在冷敷时应该注意观察孩子,如果发现孩子皮肤发紫,或孩子说感到皮肤麻木,应马上停止;孩子不适合做全身冷敷,而且脑后、前胸、阴囊、腹部及足底等部位不适合做冷敷;做冷敷时,应避免皮肤与冰块直接接触,而且不能加压冷敷,因为那样会伤害孩子的神经、血管或肌肉。

(2)热敷。

适合热敷的情况有:麦粒肿初期或脓肿未形成时,可做局部湿热;肠胃受冷后的腹痛时;关节扭伤48小时后;打针或预防接种后,热敷肌肉注射的部位。

热敷的作用:热敷可使血管扩张,加快血液循环,提高皮肤的抗菌能力,促进炎症消退,有消肿止痛和可加快药物的吸收的作用。

热敷主要可以采用湿热毛巾或热水袋来进行:可准备两块纯棉的纱布或毛巾,把它们放在热水盆内浸片刻,取出拧至半干,用自己的手腕内侧皮肤试试温度是否合适(以感觉不烫为宜),注意每5分钟左右换一次敷布,用湿热敷法每次应持续15~20分钟,每天做3~4次。或可采用热水袋进行,但应先检查一下热水袋,确定不漏气,然后注入大半袋60~70℃的热水,挤压出空气,旋紧袋口,擦干袋外面的水,装进布套内或者用毛巾包好,每次热敷20~30分钟,每日3~4次。

需要提醒家长注意的是:在热敷时要仔细观察孩子热敷部位皮肤的颜色,一旦出现异常,立刻停止热敷;在关节扭伤早期、急性腹痛未确诊之前、皮肤湿疹、细菌性结膜炎这些情况下应该避免过早使用热敷。

74. 是药三分毒

——家庭幼儿用药误区

常言道:"是药三分毒"。有病当然要治病用药,但是倘若用药不当,却会对身体造成很大的危害,甚至可能产生疾病。而对于正在生长发育时期的儿童,特别是年幼儿童,错误用药就有可能引起非常严重的后果,甚至可能引起残废或死亡。为此,专家提醒成人特别是家长们,要保障儿童的身体健康,切忌犯以下用药错误:

(1) 用药就用最新、最贵的药。

孩子有点伤风感冒之类的小病,家长爱子心切,恨不得药到病除,常常动用新药、贵药。动辄就用抗菌素,嫌青霉素过时还动用先锋霉素。其实感冒发烧多是病毒导致,有其自然病程,用抗菌素无效,不但先锋霉素不能改变病状,还可产生耐药性,等以后真患上了严重感染时,反倒不灵了;又比如腹泻,不管青红皂白,氟哌酸、吡哌酸全都用上。水泻样便70%是病毒与产毒性大肠肝菌引起,只要多喝水、调整饮食形式、适当服一些消化酶类药物、B族维生素便能解决,无需动用抗菌药。用抗菌药会杀伤肠道中的有益菌,导致肠道菌群失调,霉菌趁机兴风作浪,医学上称之为二重感染,治疗起来十分麻烦。

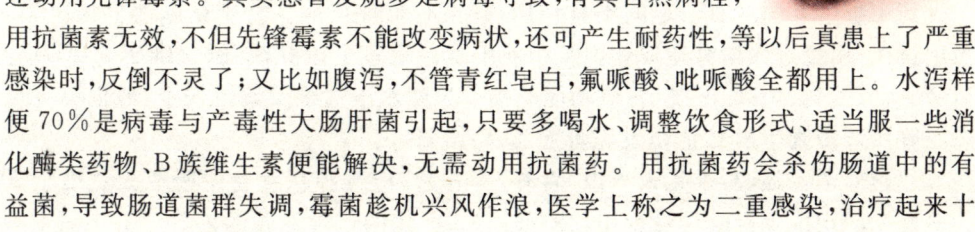

(2) 用糖水服药。

凡是药物都有药味,尤其是中药的味道大都苦涩,小儿不愿服,家长就给用糖水送服。殊不知,糖含有较多的钙、铁等矿物元素,会同中药里的蛋白质起化学反应,并在胃液中凝固变性,从而混浊沉淀,导致疗效受到影响。有的药物正是利用苦味刺激消化液的分泌来发挥疗效,假如在药中加糖,会使疗效受损。

糖还能干扰微量元素、维生素的吸收,抑制某些退烧药的作用,降解某些药物的有效成分。因此,服药最好用白开水送服,糖水送服对治病不利。

(3) 治一种病用多种药。

儿童患有一种病,家长常用多种药物。要知道,用药过杂,相互之间可抵消作用,毒性反应会增加,出现不良反应。若将氯霉素、磺胺、青霉素等药一齐用上,或是头孢菌素、青霉素与庆大霉素联用,一样有上述危害。磺胺类药若同维生素C联用,会加重肾脏负担;阿司匹林若跟青霉素同用,会降低青霉素的抗菌功效。

(4) 儿童服用成人药。

很多的家长不明医药道理,也不懂得成人与儿童之间的差别,错误地认为给儿童服药只是减少一点用量便可,这种做法有害儿童健康。

家长必须明白,成人与儿童不只是体重上的差别,更重要的是在生理、病理方面有不少的差别,特别是儿童的肝、肾等脏器发育尚不完善,酶系统还没建立。药物的代谢与解毒功能还不强,乱用成人药容易产生不良反应,严重的有致残甚至丧命的可能。

例如抗菌药氟喹诺酮可引起关节病变,妨碍软骨的正常发育,18岁以下未成年人都不能用。四环素会影响小儿骨骼生长,且让牙齿变黄,形成"四环素牙",所以8岁以下儿童不能用。就是常见的解热止痛药,因含有非那西丁,容易让小儿血红蛋白变为高铁血红蛋白,降低携氧能力,造成全身组织器官缺氧。感冒通含有双氯灭痛,能抑制血小板凝集,并会损害肝功能。去痛片、安痛定含有氨基比林,这种成分容易让小儿白细胞数量迅速下降,降低其免疫功能,所以都要禁用。

(5) 服用维生素多多益善。

在儿童的生长发育中维生素确实起着重要作用,必要时用一点药物制剂来补充食物供给的不足当然可以,但绝对不能把它看作是补品,使用要合理,别以为多多益善。

药用维生素同样有一定的不良作用,甚至有毒性反应。特别是脂溶性维生素,服用过久、用量过大均会造成体内蓄积而中毒。吃多了鱼肝油丸(含维生素 AD)会引起厌食、发烧、烦躁、肝脏、肾脏功能受损。虽然水溶性维生素较安全,但也不可疏忽。服用过多维生素 C 能诱发脆骨症、尿路结石等。

故营养学家强调:维生素当以"食补"为首选,应选择从食物中吸取天然维生素为最好。药用维生素应尽量少用,必要时宜在医生的指导下服用。

(6) 服补药不当。

现在给孩子服补药的家长屡见不鲜。家长希望增强孩子的体质,促进孩子生长发育,却常因医学知识缺乏而事与愿违,反倒补出毛病来。儿童因服补药发生性早熟者大有人在。其原因是这些补品里含有激素或激素样物质。有的小儿服用中药人参后出现了神经系统症状,甚至因服用大剂量人参后抽搐、昏迷、死亡。

专家建议:身体健康的孩子最好不服用补药。5岁以上的体弱儿童可在医生指导下酌情服用。家长切忌自作主张给孩子进补,避免发生意外。

第四篇　社会行为篇

75. 养成善习 受益终生

——幼儿期良好行为习惯的培养

1987年的诺贝尔奖获得者在法国巴黎聚会。有位记者采访了其中的一位科学家,问他早年在哪所大学哪个实验室学到了最主要的东西。谁知,老科学家出人意料地回答是"幼儿园"。当问到为什么是幼儿园,在幼儿园学到了些什么时,他如数家珍地谈到:"比如东西要放在一定的地方;怀有深厚的好奇心,注意观察周围的事物;把食物、玩具分给小朋友们共享,做了错事要勇于承认和纠正;饭前洗手、中午休息等等。"老科学家的肺腑之言可谓颇有道理,值得人们尤其是年轻父母深思。

科学研究表明,养成行为习惯的敏感期比智力发展的敏感期还要早。孩子智力迅速发展是在幼儿期,而行为习惯的形成是从婴儿期就开始了。孩子出生后,就逐渐形成了饮食、起居的各种习惯,它会在孩子头脑中留下深刻的痕迹,暗含着品德行为的萌芽,并对孩子的发展起着重要的作用。俗话说"3岁看大,7岁看老",说的也正是这个意思。

家长在对孩子进行行为习惯的培养时,需要注意的是:

(1) 父母言传身教。

父母是孩子的第一任老师,要注意言传身教。对于年幼孩子而言,他们善于模仿,因此"身教"比"言传"更重要。如果希望让孩子养成阅读习惯,父母首先就要自己做到,孩子耳濡目染,自然会喜欢像父母一样每天捧起书阅读。而孩子的一些不好的习惯,可能父母都能在自己身上找到。因此,想要培养孩子的某种习惯,父母首先要看自己身上是否具备这一特质,是否具备作为榜样的实力。

(2) 要持之以恒。

养成一个良好的习惯不是一朝一夕就能完成的,是需要时间反复实践的。因此,父母需要坚持要求,日积月累孩子的大脑神经活动才能形成"定型"。这时孩子做起来会感到轻松、自然、舒服、愉快,主动地去做,慢慢形成了习惯。反之,"三天打鱼、两天晒网"自然很难形成习惯。

教育家陈鹤琴曾说过:"习惯养得好,终生受其益,习惯养不好,终生受其累。"它所强调的正是一个人在幼年时所形成的性格习惯对人生一辈子的重要影响。事实上,我们从老科学家的言语中也不难发现,他所谈的并不是什么学问之道,而不过是一些"做人"的基本道理和人生感悟罢了,如今众多一味让孩子参加各种兴趣班学习的年轻父母听了,难道还不值得深思吗?愿每位家长都能把培养孩子良好的习惯当成学前教育过程中的重中之重。

学前儿童心理与教育120问

76. 不可忽视的礼仪教育

——早期礼仪教育的重要性

礼仪是德育的一个重要组成部分,是人们在社会交往活动中的行为规范与准则,是道德修养的外在体现,是一个国家文明的标志。随着社会的发展和进步,人们对礼仪的要求也越来越高。无数研究表明,幼儿期不仅是智力早期开发的重要阶段,更是塑造良好道德品质的关键时期。幼儿的思维具有直觉行为和具体形象性,高级神经系统活动可塑性大,易受外界影响和支配,特别具有易感染、易暗示等特点。礼仪教育通过让幼儿亲身感知、实践,培养幼儿良好道德素养,促进幼儿全面和谐平衡地发展。

曾有一位幼教专家说过:"教孩子礼仪,等于教孩子优雅地过一生。"

如今的独生子女大多成了一个家庭的中心,但从儿童的心理发展来看,幼儿期恰好处在以自我为中心时期,如何帮助幼儿逐步走出"自我中心"的"小天地",增强其社会性,这是幼儿成长过程中一个不容忽视的问题。然而,有哪些礼仪教育既符合幼儿天性和特点,又能产生良好的效果呢?

首先,要让幼儿积极参与社会生活,在幼儿园、托儿所等场所学习和掌握必要的礼仪规则。如上下楼梯一个跟着一个走,不拥挤不抢道;用餐、午睡等时间不大声喧哗,以免影响别人用餐和休息;用餐时餐桌上的礼仪;会对老师和小朋友说问候语和告别语,这里除了要求老师和家长给予幼儿潜移默化的暗示教育以外,必要时还可对幼儿进行强化训练,并在日常生活中及时给予暗示和鼓励。

其次是成人的榜样作用。因为幼儿正处在"他律"阶段,以后将逐步走向"自律",因此成人的礼仪示范作用对幼儿的影响很大。如果家里来客人,父母热情接待,端出茶水,递上水果,陪客人聊天,耐心、集中注意力地倾听客人叙述,孩子也会受到良好的教育。如果父母对待客人不冷不热,漫不经心,翘着二郎腿,看着电视,把客人晾在一边,孩子对客人也不会有礼貌的。

第三是道德内化,通过幼儿的亲身体验来完成他对礼仪行为的认识和感知。一所幼儿园曾让父母亲在"六一"节那天带着孩子到班级里另一位小朋友家去做客,让孩子学习待客和做客的礼仪,亲自实践,由双方父母进行评判,在旁鼓励和修正、指点,孩子受益匪浅。这可以说是一种很好的以道德内化为目的的练习方法。

家庭是礼仪教育的第一课堂,行为规范是家庭教育的必修主课。曾有人说过,教育子女首先应教育父母自己。试想,在公共场所出言不逊,没有公德的父母如何会有懂礼节的孩子呢?当然礼仪教育的目的是让幼儿懂得理解他人、尊重他人,友好地、有礼有节地与人相处,但这一过程是渐进的,同时也是漫长的,因此对幼儿进行礼仪教育不能单纯地以成人的标准来要求幼儿,否则,所谓的礼仪将成为童心的枷锁,成为新的"三纲五常"。

礼仪蕴藏于幼儿生活的方方面面,存在于幼儿平凡又普通生活的每时每刻,以此,父母应该做个有心人,在生活的各个方面都对幼儿进行恰当的礼仪教育。

77. 让幼儿具备一些礼仪常识

——早期礼仪教育的内容

教育学博士、联合国儿童基金会小脚印中心曹云昌主任认为,日常交往是培养孩子礼仪的绝好机会。生活中的你来我往是必不可少的。当有客人来访,或到别人家做客时,家长就可以利用这种机会培养孩子的礼仪习惯。节假日是人们交往的密集期,也是对孩子进行礼仪教育的最佳期。礼仪的本质就是为他人着想,这是礼仪教育的基础。

随着孩子年龄的不同,可以进行不同内容的礼仪教育。对于咿呀学语的孩子来说,父母进行的礼仪教育可以是教孩子学说"你好""再见"之类的礼貌用语。随着孩子的不断成长,可以从以下几方面进行礼仪教育:

(1) 和人交流的礼仪。

当孩子进入入园年龄,父母可以帮助孩子拓宽社交面。向孩子介绍爸爸妈妈的朋友,并且教孩子学会主动打招呼。同时可以让孩子主动介绍自己的名字、年龄、在哪个幼儿园读书。第一次面临这样的场景,孩子难免害羞紧张,但只要家长多鼓励,不久孩子就能落落大方,对应自如了。

(2) 用餐时的礼仪。

在与亲戚朋友一起用餐时,要教育孩子不要尽挑自己喜欢吃的菜吃,完全不顾及别人;放在其他人面前的菜或自己夹不到的菜可请别人帮忙,尽量不要站立起来;嘴巴里含着饭菜不要说话,咀嚼和喝汤时尽量不要发出声响。使用筷子更要讲究礼仪,即不要用筷子搔痒、剔牙、敲碗碟;不要将筷子在汤碗里捞东西;不要用筷子翻菜或夹起食物又放下,或放到别人碗里;不要让筷子上的汤水滴落,更不能让筷子在碟子间来回游移不定,一会儿选这个,一会儿选那个。

(3) 电话礼仪。

多数孩子喜欢玩电话——这个"成人玩具"。家长可以利用这个机会,教授孩子

一些电话礼仪。当孩子接电话时,要先说"你好"。如果电话不是找他的,提示他问一句:"请问找谁?"当孩子要拨号打电话时,替他念号码,并提醒孩子主动介绍自己:"我是某某,我要找谁"。

此外,在对孩子进行礼仪教育时,要注意对礼貌用语的使用。"对不起"、"谢谢"等词语不应该只停留在口头,而是应该让孩子明白这些词语背后所标示的真正意义。

78. 幼儿争夺玩具的启示

—— 怎样提高幼儿的交往能力

在年幼儿童中,我们经常可以看到孩子争夺玩具的现象。当幼儿看到自己喜欢的玩具的时候,首先想到的就是要自己一个人玩,其实这是很正常的。尤其是现在大多独生子女,在家里,他们几乎不需要去考虑和别人分享玩具,渐渐就养成了以自我为中心的性格倾向。所以一旦有同龄的孩子一起游戏时,争夺玩具的行为表现就屡见不鲜。事实上,孩子们并没有意识到争夺玩具有什么不对,有不少时候孩子在争夺时觉得委屈,他们认为:这些是我先拿到的,他们要来抢。其他的幼儿则认为:他一个人霸占玩具!这样的场面想必家长一定不会觉得陌生,事实上这是幼儿社会交往能力不成熟的体现。

卡耐基曾说过:一个人的成功百分之八十五靠的是人际交往,百分之十靠的是自身的努力。交往能力对于每个人都具有非常重要的意义。然而如今的独生子女,由于受家庭环境等的影响,或多或少地表现出任性、自私、霸道、不合群、缺乏分享意识、以自我为中心等性格特质。这些在一定程度上都会影响到孩子交往能力的发展,如果不加以改善的话,将会影响到孩子将来的社会交往。因此,培养孩子良好的交往能力,是每个家长都不容忽视的。

培养和训练幼儿的交往能力,需要父母有意识地加以练习,笔者认为,可以从以下几方面着手。

(1)礼貌用语。

当孩子和同伴在一起玩耍时,让孩子学会用商量的语气和其他小朋友说话,比如"你可以把玩具借给我玩一下吗?""谢谢你"。若无意中伤害了别人,要学会主动说"对不起,请原谅"。这样的礼貌用语练习,需要始终贯穿在日常生活中。成人和孩子进行言语互动时,应以身作则,为孩子树立良好的榜样。这样,孩子耳濡目染就会学会并渐渐养成说礼貌用语的习惯。当孩子和其他人互动时,也能呈现良好的言语习惯了。

(2)学会分享。

在现代4-2-1家庭中,很容易形成孩子自我中心的性格特质。孩子在家中习惯接受成人的爱和关心,当处于同龄孩子的交往互动中,难免会呈现自私的行为表现。为了改变这一现象,让孩子学会分享,这就需要成人在家中改变对孩子的态度。让孩子明白,让他接受爸爸妈妈爷爷奶奶的爱的同时,也要学会去爱对方。比如说,如果孩子有零食,成人要教导孩子和家人一起分享。渐渐地,孩子就会明白如何考虑别人的感受,如何去分享。

(3) 解决矛盾。

孩子在交往中难免会发生一些矛盾,成人要帮助他学会通过协商的办法去解决。如:几个小朋友都想玩跳棋,而自己想玩多米诺骨牌,这时候就需要暂时克制一下自己的愿望,和大家一起先下跳棋,等一会儿再玩多米诺骨牌。大家都想玩同一个玩具时,要学会和同伴商量,使每个人都能轮流玩到,或大家一起玩。如果在交往中孩子与同伴发生了争吵,家长要了解原因,不偏袒自己的孩子。如是自己的孩子先动手打了人,要教育他向同伴赔礼道歉;如是别人无意弄坏了他的东西或碰痛了他,只要同伴认错了,就应克制自己的恼怒,谅解别人。应教育孩子学会讲道理,而不打人骂人。在交往中,如发现别的小朋友有困难时,家长应鼓励孩子帮助同伴克服困难,使他成为乐于助人的好孩子。这样,他就会在孩子们组成的"小社会"里得到更多的好朋友,也更受到同伴的欢迎。

(4) 成人的评价。

对于孩子在交往中呈现的表现,家长需要做出评价。无论是正确的抑或有失偏颇的,成人都要向孩子指出来。通过评价,既能强化幼儿正确的、积极的交往行为,又使幼儿找到了自己活动中的弱点和不足,知道怎样避免和改正。这样能有效地提高孩子的社会交往能力。

只要成人持之以恒地对孩子的行为进行规范和指导,孩子们在游戏中的争夺行为会越来越少,他们的交往能力也会逐步提高,最终成为一个讨人喜欢的小小"社交家"。

79. 和小区里的孩子一起玩

—— 混龄游戏好处多

一般来说,2~7岁的孩子都有相互交往的强烈愿望。从儿童心理学角度讲,孩子内心存在着一种希望参与社会生活的潜意识。在孩子们自我意识和自我评价中存在着一种强烈的"成人观念",希望自己被别人承认已长大成人,同不同年龄的孩子进行交往,正是孩子们实现上述意识的主要途径。现在家庭多是独生子女,缺少兄弟姐妹,孩子在家中没法进行混龄游戏。因此,笔者建议,成人应将孩子带出家门,到楼下小区,寻找哥哥姐姐弟弟妹妹一起玩,与不同年龄的孩子进行混龄游戏。

学前儿童心理与教育120问

"混龄游戏"是指把3~6岁不同年龄的孩子放在同一个空间内展开游戏,扩大幼儿的接触面,有更多的机会和不同年龄儿童相互交往,在这一过程中通过交流、互助、示范、模仿、学习等方式,自主地进行各种认知活动,积累经验,同时学习与人交往的正确态度和技能,学会关心、分享、轮流合作等社会行为,为形成积极健康的个性奠定基础。混龄游戏对于孩子的发展是有积极的影响作用的。对于年幼的幼儿来说,与年长的幼儿交往,其运动能力、观察学习能力及跟随模仿的能力都会增强。同时,年长与年幼的孩子一起游戏时,其责任感和榜样作用增强了。这种大带小、小学大的开放的游戏、运动形式,增加独生子女与不同年龄孩子交往的机会,帮助他们学习社会交往的技能,从而促进其社会性发展。

混龄游戏的理论依据主要来源于维果斯基的"最近发展区"。该理论认为孩子的发展有两种水平:一种是孩子的现有水平,另一种是孩子可能的发展水平。两者之间的差距就是"最近发展区"。教学应着眼于孩子的"最近发展区",为孩子提供带有难度的内容,调动孩子的积极性。维果茨基强调教学不能只适应发展的现有水平,而应适应"最近发展区",从而走在发展的前面,最终跨越"最近发展区"而达到新的发展水平。在混龄游戏中,异龄之间发生的认知冲突,远比幼儿园中老师刻意的设计自然。当年长孩子用自己的行为和语言向年幼孩子解释或表现的时候,当年幼孩子用自己的行为和语言向年长孩子询问或模仿的时候,他们都既超越了自己的原有水平,又反映出他们力所能及的最高水平。因此,每个孩子的经验和能力都在自己的"最近发展区"内得到充实。

国外的混龄教育以蒙台梭利博士创办的举世闻名的"儿童之家"为典范,混龄班的编制方式,为幼儿创设了一个自然的、宽松的、真实的社会小群体。发展至今,蒙氏班大部分仍旧是混龄班。年长的孩子可以通过对年幼孩子的照顾和帮助中实现自己的"成人"地位。而年幼的孩子,往往更强烈地期望和年长同伴接触,这种接触能使他们切实感到自己已经成熟,已经迈入"大人"的行列,从而得到心理上的满足。所以,年幼的孩子对能够同年长孩子交往倍感骄傲。年长与年幼的孩子的良性互动,为孩子良好个性品质的培养、健全人格的形成和社会性的发展起着非常重要的促进作用。德国的幼儿园教育也崇尚混龄班级编排。

当然,混龄游戏有不同的互动方式,并不是每一种都对孩子的发展有积极的影响。下面将简要介绍三种类型的混龄互动。一是"积极—有益"型。特点是孩子们自愿进行交往。在交往中,不同年龄的孩子和睦相处。这是一种积极有益的交往方式。二是"积极—无益"型。特点是年长孩子主动同年幼孩子交往,但交往的动机是利己主义的。其目的是确立自己的领导地位,扮演一个保护人的角色。因此,在游戏互动中,年幼孩子常常会觉得委屈,被欺负。家长需要警惕这种互动方式。三是"消极—冷漠"型。特点是年长孩子迫于老师和家长的要求而与年幼孩子相处，内心的不乐意使他们表现出不耐烦。年长孩子容易形成冷漠的性格，而年幼孩子容易感觉到委屈、被忽视。因此，家长不应强迫性格、兴趣完全不同的孩子在一起游戏。

因此，家长对于孩子的混龄游戏，应该因势利导、取长补短，使混龄游戏为孩子提供一个良好的交往机会，促进孩子多方面能力的发展。

80. "电脑儿童"不善交际

—— 幼儿期学电脑应注意的问题

从上世纪80年代开始，孩子们伴随着电视成长，因此被称为"电视儿童"。现在，随着电脑的普及，越来越多的儿童成为电脑使用者，又出现了新一代的"电脑儿童"。对于学龄前儿童使用电脑的利弊，现在各国都存在争议。诚然，美国的一项研究显示，孩子通过电脑，学习速度快3倍，原因是画面的动感提高了他们的学习兴趣。但是，更多的心理学家指出，儿童单独长时间与电脑相处，对他们的思维和情感发展都会产生不良的心理影响。

详细说来，电脑对儿童心理健康的影响，主要有以下几个方面：

（1）影响社会交往能力的发展。

学龄前儿童正处于社会交往能力发展的重要时期，与伙伴的直接交往是获得这一技能的重要途径。而电脑和互联网将会阻碍儿童和同伴之间的交流，不利于学前儿童社会性的发展。儿童协会组织协调人爱尔蒙说："孩子需要的是活生生的教育，即与人的沟通和交流……电脑不能提供这种健康教育。"

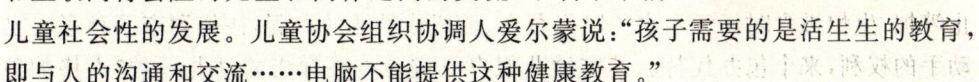

（2）影响记忆力的发展。

电脑正在成为人的记忆替代物，儿童惯于使用机器来代替活的记忆和基本运算，使儿童缺少了锻炼思维能力的机会。长期以往，就会影响孩子记忆力和思维能力的发展。而学龄前，正是人一生中发展思维能力和记忆力的绝佳时期。

（3）不利于孩子培养独立生活能力。

儿童若过早长时间使用电脑，会在情感上对电脑的信息世界产生依赖感。就如同过分依赖家长一样，过分依赖电脑不利于孩子培养独立生活的能力。

鉴于以上影响因素，父母在儿童学习电脑时，必须同时加强儿童想象力和思维能力的培养；增加孩子书写技能的培养；注重儿童的口头表达能力和与社会交往能

力的培养。同时父母需要警惕来自互联网的各种不良信息。例如网络上的暴力行为可能会引发儿童的攻击性行为等。

因此,心理学家告诫家长,应辩证地看待使用电脑对孩子成长的利弊。当孩子使用电脑时,家长最好能陪在旁边,进行必要的指导和交流。更重要的是,家长应该培养孩子为人处事和处理各种具体事件的能力,而不是仅仅生活在虚幻的网络世界内。

81. 把餐桌当成课堂

——在进餐时对幼儿进行随机教育

所谓随机教育,就是指在对教育过程中和日常生活中偶然发生的和事先不可预料的事,给予正确的、科学的解答,随客观环境提供的教育情景而临时进行的组织教育。为了更好地促进幼儿全面、健康、和谐的发展,就应重视发挥各种教育手段和方法在幼儿教育中相互交融、相互渗透。聪明的家长从孩子上餐桌的第一天起,就应该"把餐桌当成课堂",对孩子进行有形无形的进餐教育,无论是从小帮助孩子形成良好的用餐习惯,还是学会良好的进餐礼仪,都是非常有益的。

英国家庭教育素有"把餐桌当成课堂"的传统。从孩子上餐桌的第一天起,家长就开始对其进行有形或无形的"进餐教育",目的是帮助孩子养成良好的用餐习惯,学会良好的进餐礼仪。我国的大教育家孔子就有"食不言,寝不语"的礼仪之语。

在餐桌上家长可以随机进行以下教育:

(1) 鼓励幼儿自己进食。

幼儿长到一周岁至一周岁半时,开始喜欢自己用汤匙吃菜。有的家长见孩子举止笨拙,生怕进食时汤汤水水弄脏了餐桌、地板或幼儿的衣服,往往剥夺了孩子自己动手的权利,来个包办代替。其实幼儿想自己进食往往标志着幼儿一种"人格的独立",父母应给予积极的鼓励和支持。正确的做法是多备一个汤匙,在孩子自行进食时用以辅助——这样既可为孩子显示握汤匙的正确姿势,又可接住从孩子嘴角淌下的汤汤水水。

(2) 杜绝偏食、挑食。

在美国家庭中,在进餐时,小孩受到的第一课礼仪教育就是要杜绝偏食、挑食。美国人普遍认为,偏食、挑食的坏习惯多是孩子时期家长迁就造成的。因此,他们特别重视孩子期的偏食、挑食。如果孩子一个劲地只吃某种菜而对其他菜不屑一顾时,家长往往会把菜收起来。他们还认定,餐桌上对孩子的迁就,不仅会影响孩子摄入全面、充分的营养,而且还会使孩子养成任性、自私、难以控制等坏性格。

(3) 提倡细嚼慢咽。

有的家长在餐桌上常常不停地督促孩子"快点儿吃"、"大口大口地吃",这种做法不仅会养成孩子狼吞虎咽式的不文明进餐习惯,而且不利于"消化",有损孩子的健康。实际上,幼儿进餐应该提倡细嚼慢咽。因为幼儿刚学会自行进食,其动作不可能像成人那样敏捷、熟练、协调。父母在孩子面前,应该允许孩子慢慢地吃,父母还应以自己的行动给孩子提供"细嚼慢咽"的样板,如手的动作十分轻巧,脸上表情放松,进食时尽量不发出声响,正襟危坐且目不斜视。一个人的"吃相"直接反映了其修养和受教育程度,绝不可等闲视之。

(4) 要求孩子自己整理弄脏的桌面。

3~6岁的幼儿进食时如不慎弄脏了桌面或地板,家长应教其向旁人道歉,并立即找来抹布让孩子自行清理。这样做的好处有三:一是可以帮助幼儿学会关心旁人;二是可帮助幼儿培养礼貌待人的好习惯;三是学会负责,培养其责任心。

(5) 学习用餐礼仪。

一般来说,孩子早在2岁时就应开始系统地学习进餐礼仪了,其中包括:让长辈先动餐具;进食时声响尽量小;不挥舞餐具如筷子、汤匙与人说话;不站起来夹自己够不着的食物;不一个劲儿地吃自己喜欢吃的食物;进餐前、中、后如何与宾客对话;用餐前餐具如何摆放等。这样当孩子到4岁时,基本上已经学会所有的用餐礼仪了。

(6) 在家在外一样守规矩。

有些4岁以上的孩子在幼儿园里进餐时都可以听从老师的教导规规矩矩,但回到家则判若两人,把个餐桌闹得乱了套,搞得父母伤透脑筋。这是因为顽皮的孩子会根据不同地点自行调整自己不同的行为举止,此时家长应与孩子展开讨论或采取强制措施,让孩子明白在家在外应一样守规矩。

(7) 让孩子帮忙做家务。

在家庭用餐前后,父母不能形成孩子饭来张口、无所事事、好逸恶劳的坏习惯,而是可以让幼儿在旁观察父母烧饭菜的过程,帮助父母捡菜、拿盘子等。用餐前可以让孩子摆椅子、抹桌子、摆碗筷。餐后可以帮助父母收碗筷、倒垃圾等。让孩子做一些力所能及的家务事,一方面可以适当减轻家长的家务负担,让孩子了解父母烧饭烧菜的繁琐与艰辛,另一方面可以让孩子有一种参与感、成就感,提高孩子进餐时的食欲,也可以提高孩子的生活自理能力。

(8) 尽早传授营养知识。

传授营养知识一般在孩子3~4岁时就可以早早开始了。当然语言必须浅显易懂、深入浅出、形象生动,必须多次结合具体情境进行强化,加深孩子的印象。如喝骨头汤有助于身体长高;多吃甜食、冰淇淋、巧克力会长成小胖子;多吃胡萝卜对眼

睛有好处;多吃鱼、虾、鸡蛋等可以使宝宝脑子聪明等。

总之,随机教育作为一种手段,特别适合学前儿童,因为这种教育手段符合幼儿的年龄特征和认知特点。幼儿获取的知识,大部分是通过各种各样的延伸教育活动取得的,它不受时间、地点的限制,家长可随时随地使幼儿在随意、轻松、愉快的环境中接受教育。

82. 如何当小主人、小客人

——儿童请客、做客的礼仪

曾经看过一个新闻报道,说是几名六七岁的小孩用压岁钱摆阔请客,一桌菜竟然开销1200多元,其情景不禁令人深思和担忧。这几个孩子眼中的请客已经与昂贵、浪费画上了等号,而请客本身所包含的意义所剩无几。

如果父母能为孩子创设条件,让他在家当主人请客,并将请客作为一种教育手段,这对孩子的成长是非常有益的。首先,孩子的请客活动,正是孩子与同伴社会交往的过程。孩子处处以主人自居,有利于激励其独立性和自尊心,同时也有助于孩子语言表达能力的提高。

孩子作为小主人,需要把好吃的食品分给大家品尝,把好玩的玩具借给小伙伴玩耍,这无疑能使孩子学会分享和合群。这样的性格特质对孩子一生的成长都有积极意义。此外,请客是件快乐而有趣的活动,不仅丰富家庭生活内容,也给日常生活注入生机和情趣,和谐家庭气氛。父母的协助和帮忙,也可以密切亲子关系。

家长可以将请客活动看成是对孩子进行教育的良好时机。让孩子在欢乐之中,主动、自然地接受教育,所以不必奢侈豪华,而着重于酝酿讨论的前期准备。比如,启发孩子提出要求,确定日期,准备邀请哪些客人,怎样布置优美而新颖的环境,购买些什么食品,以及如何接待客人,设计活动的形式等。其间要根据孩子本身的特点,启发诱导,帮助鼓励。要是孩子平时较腼腆害羞,则要和他一起细致地讨论,作出具体安排。如客人来了怎么接待,该说什么,怎么做,大家一起玩什么,要不要请客人吃糖果点心,怎么请,客人回家时怎么相送等,使孩子心中有数。必要时,还可做些排练,并给予鼓励,增强其自信,让他在待客过程中自觉克服难关,经受锻炼。为请客准备的食品,要从孩子的视角出发,不一定选择价值昂贵的,像薯片、巧克力、糖果……都是能受到客人欢迎的。食品的准备也可以与孩子一起上街采购,采购的过程也是心理教育的过程,孩子能体会到自己做主的满足感和愉快感。请客过后,可以和孩子一起回忆交谈,讨论印象最深的是什么,最快乐的是什么,还有什么需要改进的地方,让孩子快乐地等待下一次"请客"的来临。但值得提醒家长注意的是,

这次活动的主人是你的孩子而不是你们,所以应避免越俎代庖。你们的作用和地位,应该是孩子的启发者、点拨者、支持者和鼓励者。

此外,如果孩子被邀请去朋友家做客,这也是一个绝佳的对孩子进行礼仪教育的时机。在日常活动中,也确实可以看到有的孩子做客时举止大方,既活泼可爱,又识"时务"懂礼仪,往往博得宾主的欢迎与称赞;而有的孩子做客中的表现却令人生厌,常常使宾主陷于尴尬甚至恼火的境地。这就是孩子会不会做客的两种反映,也是家长会不会带孩子做客的两种结果。

当然,所有的家长都希望自己的孩子能受到亲朋好友的喜欢和赞赏,那么带孩子做客的家长们应如何做呢?一般来说,家长本身举止礼仪的榜样对孩子起着潜移默化的影响。在做客前,应该使孩子有充分的心理准备,告诉他将要到谁的家里去做客,他们家里还有哪些人,该怎样称呼他们,去做客有什么值得高兴的事情。做客过程中的礼仪也是很讲究的,有些是应在平时日常生活中就注意的良好生活卫生习惯。在去做客的途中,还可以和孩子一起商讨或复习怎样做一个有礼貌的小客人。比如:在做客时可以和小主人一起玩,想玩别人手里的玩具时要以商量的口气征得对方的同意;对待主人的款待要道谢,一次不能吃太多的糖果食品,更不能一颗又一颗地把糖纸剥开后,稍尝即将糖果吐掉,或将糖果塞装在自己的口袋里;对于主人家的摆设不能随意取玩,也不能乱翻主人的抽屉,或取走主人喜爱的物品;若是主人执意要赠送礼物,则应征得陪同前往的长辈的同意,方才可以道谢收下;当大人们在讲话时,不能随便插嘴或提出无理的要求,告别时要说再见等等。孩子学会做客需要教育和实践,几次下来,相信孩子们都能成为受人喜爱的有礼貌的小客人。

83. 过一个有意义的生日

—— 如何为幼儿过生日

近几年,社会上有一股追求奢华的倾向,什么事都讲究"大办"、比排场,造成了极大的浪费。现在的独生子女在家里特别受宠,过生日往往也很"讲究":点蜡烛,买双层鲜奶蛋糕,亲朋好友送贺礼,大摆宴席搞庆祝……有些家长认为这是理所当然的,只有一个孩子嘛!"再加上别人家的孩子都搞,我们不搞庆祝好像亏待了孩子。"还有的是祖辈人认为应该大肆庆祝,因为这是"天伦之乐",有利于感情交流。但事实上,这样铺张浪费的生日宴席,对孩子的成长并不十分有利,往往会造成孩子间相互攀比,也会误以为父母赚钱容易,从而养成虚荣、铺张浪费、惟我独尊等坏习惯。

怎样才能让每一个生日都各有不同,给孩子留下深刻的印象呢?

(1) 听父母讲成长的故事。

听父母讲孩子生出来那天的情景,全家人一起翻看孩子出生至今的照片、纪念物、回忆孩子成长的印迹;父母也可以回忆一下自己小时候过生日的情景;聊聊孩子小时候的趣事;回顾过去一年中一些有趣味或难以忘怀的事;同时给孩子提出新的一年更高的要求和希望。甚至可以带孩子去出生的医院参观,让孩子一起回味父母育儿的艰辛,使孩子感受到父母深深的爱伴随他成长的每一天。

(2)赠送有意义的礼物。

"有意义的礼物"不是指从父母的角度看的那些昂贵的礼物,而是孩子喜欢,并且对孩子的成长有积极意义的物品。例如,基于小朋友普遍喜欢小动物的心理,可以送一个小动物给孩子。并且父母可以告诉孩子:"现在它是你的孩子,你要像爸爸妈妈爱你、照顾你一样来照顾他。"这样的礼物不仅受到大多数孩子的喜欢,而且孩子在收到礼物后,有助于培养他们的责任感。

(3)邀请小朋友一起庆祝。

鼓励孩子邀请自己的小伙伴来家里一起庆祝生日,不仅可以满足孩子社会交往的需求,而且能够极大地增进孩子的社交能力。在整个生日过程中,父母需要提醒孩子作为一个小主人需要照顾客人,并且要感激小伙伴赠送的礼物。

过生日并没有固定的模式,每位家长需针对自己孩子的具体表现,花一些心思,让孩子在庆祝生日的过程中明白父母对自己的爱。让孩子过一个愉快而有意义的生日!

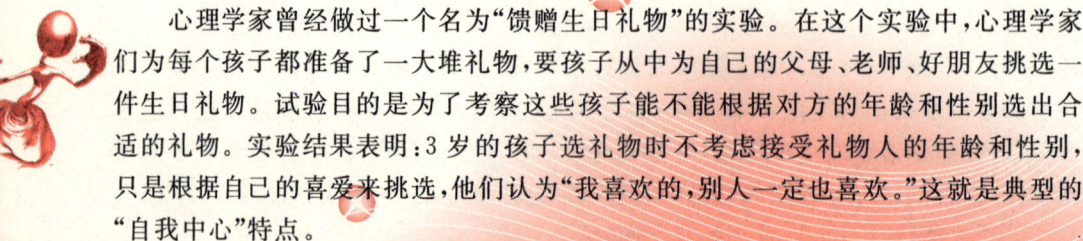

84. 为什么孩子总是"自我中心"

——幼儿"自我中心"现象的透析

心理学家曾经做过一个名为"馈赠生日礼物"的实验。在这个实验中,心理学家们为每个孩子都准备了一大堆礼物,要孩子从中为自己的父母、老师、好朋友挑选一件生日礼物。试验目的是为了考察这些孩子能不能根据对方的年龄和性别选出合适的礼物。实验结果表明:3岁的孩子选礼物时不考虑接受礼物人的年龄和性别,只是根据自己的喜爱来挑选,他们认为"我喜欢的,别人一定也喜欢。"这就是典型的"自我中心"特点。

自我中心是儿童早期自我意识发展的一个必然阶段,也是人类从幼年走向成熟的一个自然必经阶段。孩子约在2至3岁时自我意识发展到自我中心阶段。在这一阶段,孩子总是从自己的角度出发考虑问题,不会在他人的立场上思考问题。他相信每个人的思想方式和所想的东西和他自己想的都是一样的。这是幼儿的一种独特的思维方式,皮亚杰称之为"自我中心思维"。而每个孩子都将经历思维从自我中心走向彼此合作发展的过程,成人的指导和帮助是孩子学会交往,学会合作的有效途径。

对于发展处于"自我中心阶段"的幼儿,家长需要选择恰当的教养方式,帮助孩子健康地从"自我中心"过渡到发展的下一阶段。

(1) 不溺爱孩子。

现在普遍都是独生子女,在4-2-1家庭模式中,父母和祖辈普遍把注意力全集中于孩子身上,这样很容易溺爱孩子。溺爱会强化孩子的自我中心意识,使孩子认为自己是家里的中心,长辈们理所当然地围着自己转,满足自己的一切合理或者不合理的要求。因此要树立幼儿的分享意识,在吃东西时,父母可以对孩子说:"我们给外公、外婆吃点好吗?"不要让孩子感到自己是唯一的照顾对象。

(2) 让孩子学会换位思考,学会移情。

即引导孩子设身处地地想到别人。例如,一对父母带着孩子去拜访朋友,朋友家的孩子正在玩玩具。朋友就叫自己的孩子和小客人一起分享,但孩子不肯。朋友就开导他说:"小朋友到我们家来玩,我们应好好地招待人家。如果你去别的小朋友家玩,人家只顾玩自己的玩具而不给你,你会高兴吗?"孩子说:"不高兴。"朋友接着说:"对呀,所以我们要和小客人一起玩玩具,他才会高兴呀。"通过换位思考,孩子就愿意和小客人一起玩玩具了。可见,父母的指导对于孩子走出自我中心具有非常重要的意义。

(3) 让孩子多参加集体活动。

过度保护、封闭孩子会使孩子失去与他人游戏的机会,也会使孩子失去锻炼和成长的机会。所以,父母应该让孩子多参加集体活动。在集体活动中,孩子有大量的机会与小朋友进行互动,一起体验到与他人合作的意义,对于游戏活动中的分歧,孩子们需要权衡取舍。通过这样的活动,能有助于孩子走出自我的圈子。

通过以上教养方式,可以逐渐让孩子学会从别人的立场来考虑问题,逐渐学会从多方面来对待事情,这样可以帮助孩子健康地从"自我中心"过渡到发展的下一阶段。

学前儿童心理与教育120问

85. 孩子闯祸以后

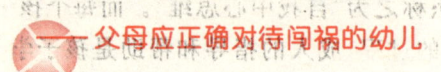

——父母应正确对待闯祸的幼儿

孩子闯祸在所难免,即使是成人,不也有可能偶尔在日常工作或生活中出现错误过失,或者类似闯祸的情况发生吗?作为父母者,若能想到这一点,那么当孩子闯祸的时候,定能比较心平气和、比较冷静地采取一种正确的态度和方法。

孩子闯祸大都是属于无意的,一般有以下几种原因:一是由于孩子好动的年龄特点所致,经常毛手毛脚,东磕西碰地不慎闯祸;二是由于与好奇心强的年龄特点相关,意欲对他感兴趣的事物进行探索了解而造成意外的结果;三是由于急于争做"好事",而又力不能及,以致事与愿违。其中也有因不知所害,属于无知所造成的后果。

举个例子,男孩子因为顽皮打破了幼儿园或者邻居家的玻璃,面对这样的情况,家长是打骂孩子一顿,然后帮孩子赔钱吗?我们来看这么一个国外的例子:1920年,有个11岁的男孩踢足球时,不小心打碎了邻居家的玻璃。邻居向他索赔12.5美元。在当时,12.5美元是笔不小的数目,足足可以买125只生蛋的母鸡。闯了大祸的男孩向父亲承认了错误,父亲让他对自己的过失负责。男孩为难地说:"我哪有那么多钱赔偿给人家?"父亲拿出12.5美元说:"这钱我可以借给你,但一年后你要还钱。"从此,男孩开始了艰苦的打工生活,经过半年的努力,终于攒够了12.5美元,还给了父亲。这个男孩就是日后成为美国总统的罗纳德·里根。大多中国家长,习惯了包办代替,习惯了代子受过的做法,认为孩子犯错后,没有经济能力偿还,理所当然要由家长来负责,而根本没有想到孩子闯祸了,我们家长应该如何教育。事实上,正如例子所反映的:孩子犯错了,家长应该抓住机会,用适当的方式教育孩子,促进孩子的心智成长。

所以,父母在处理孩子闯祸事件时,首先要调查闯祸的原因与经过,然后摸准孩子心理活动的"脉搏",根据闯祸的不同原因和严重的程度,以及孩子不同的心态和表现,巧妙地"对症下药"。不用硬逼孩子认错,而是应该用讲道理的方式,让孩子明白错在哪里。批评的同时要向孩子提出具体可行的改进建议,帮助孩子制定改进的措施,鼓励孩子去改进。同时,家长要以身作则。父母做错了事也要勇于承担责任,家庭中制定的规则不仅是针对孩子的,家长也要遵守,要树立规则的权威性,不可双重标准。

86. 面对孩子的"窝里横"

——幼儿对环境适应的心理分析

梅梅4岁了,在家里非常活泼,还常常欺负姐姐,有时简直像个"小霸王",知道的事也比同年龄的孩子多。可是一出门就没用了,胆小怯懦,明知道自己会干的事,而且能干得比别人强,可就是不敢上,还经常哭鼻子。在日常生活中,大家称梅梅这样的孩子是"窝里横"。

"窝里横"的孩子,多半出在家长过分保护、溺爱的家庭中。这些家长总怕自己的孩子受人欺负或出什么事故,常常不许孩子与同伴玩耍,在家里成年人又都让着他,以他为中心,任何事都予以特别的照顾。这样的孩子一旦走出家门,在与同龄伙伴的交往中,往往先是搬出在家中称王称霸的作风来指使别人,但由于长期处在受保护地位,他独立处理各种问题的能力很差,当然就指挥不动别人,并会受到小伙伴们的拒绝。他就会产生严重的不满情绪,但因为没有竞争的实力,只好转而采取逃避现实的办法,躲到一旁生闷气,变得胆小怯懦。而他的不满情绪和挫折感都要有所发泄,突破口自然又只能选中自己的家庭,只能以在自己的家里更加横行霸道来补偿自己在外界之不能为所欲为,如此形成恶性循环。

对于"窝里横"的孩子,父母应该如何进行教育呢?下面有一些切实可行的建议:

一是不要过分保护。对于孩子力所能及的事情,鼓励他们"自己的事情自己做"。父母不要给孩子设置过高的目标,以免孩子达不到要求产生挫败感。在一个个难度适当的目标前,父母应该用积极的言语鼓励孩子,当孩子取得一定的进步时,要肯定孩子的能力。这样孩子的自信心就会明显提高,独立处理事情的能力也会逐渐增强。

二是创造交往机会。父母要积极主动地为孩子创造交往的机会,主动地带孩子去串门,也鼓励孩子邀请小伙伴来家里做客。让孩子在广泛接触同龄小朋友的过程中,学会谦让、合作。幼儿在交往中发生的争吵,只要没有危险,爸妈最好不要干涉。让孩子自己解决在玩耍中产生的各种矛盾。以此来培养孩子的责任心和自信心,减

少依赖性。

幼儿由"窝里横"变得勇敢大方需要一个过程。在这个过程中,需要父母的耐心指导,并对孩子的点滴进步给予鼓励。同时,父母需要放开手,让孩子自主去探索尝试,减少对成人的依赖性,增强主动性、独立性和自信心,并锻炼为人处事的能力。这样,"窝里横"的孩子才能得到真正的改变。

87. 不能打人

—— 如何处理幼儿的攻击性行为

有位妈妈每次去幼儿园接孩子,不是其他小朋友的家长告状就是老师反映她的儿子"今天又打人了"。可这位妈妈却总是一副无所谓的样子,笑笑说:"没关系,这个年龄的孩子打人不是恶意的。更何况会打架说明孩子有本事,将来长大了不会吃亏。"这位妈妈的想法有一定的代表性。有的父母认为孩子还小,"树大自然直",打人就算了,长大了就会好的。也有的父母则认为:"这么小的孩子就打人,这还了得?"故对孩子严加责难。实际上,对孩子"打人"这一攻击性行为既不可听之任之,姑息放纵,也不可过于严加训斥与惩罚,而应找准原因,对症下药。

心理学中把攻击性定义为他人不愿接受的出于故意或攻击性目的的伤害行为,这种有意伤害包括直接的身体伤害(打人)、语言伤害(骂人、嘲笑人)和间接的、心理上的伤害(如背后说坏话、造谣诬蔑)。有伤害他人的意图但未造成后果的攻击性行为仍然属于攻击行为,但孩子们在一起玩耍时无敌意的推拉动作则不是攻击行为。攻击性行为可以分为两类:敌意的攻击和攻击性的攻击。敌意攻击是有意伤害别人的行为,而攻击性的攻击是为达到一定的非攻击性目的而伤害他人的行为。年龄小的儿童攻击性行为以"攻击型"为主,随着年龄的增长,渐渐发展为以"敌意型"为主。

孩子呈现攻击性行为的主要原因有:① 家庭教养方式。父母在处理孩子教养问题时,时常粗暴地打孩子。这就让孩子误以为,打人是解决问题的一种方式。因此,孩子在和同龄孩子互动时,一旦产生分歧,就直接沿袭父母打人的方式,对同伴进行攻击性行为。有的家长甚至会对自己的孩子说:"如果有人欺侮你,你要狠狠地打他。"在大人的纵容下,孩子非常容易发生攻击性行为。② 电视传媒的影响。美国心理学家班杜拉认为,攻击性行为是观察学习的结果。孩子在观看电视节目时缺乏成人的指导,而目睹了大量暴力行为。由于孩子模仿性强,是非辨别能力差,因此很容易在生活中模仿和再现攻击性行为。

一般而言,在正常的社会互动中,攻击性行为是不被提倡的。攻击性行为也是

培养良好个性品质的障碍。因此,如何采取恰当的手段对攻击性行为加以引导、控制,以使幼儿个性向着积极健康的方向发展,是每个家长面临的问题。

(1)环境因素。

成人尽可能要对孩子周围的环境进行优化。避免孩子目睹暴力、血腥的场景和动画片。此外,家长也要做好表率。学前儿童非常善于模仿,成人的一切言行都是孩子行为的参照蓝本。所以父母要避免在孩子面前争吵、恶意攻击、打架,要让孩子看到父母是心平气和地处理生活中的种种分歧和矛盾。

(2)提高孩子的认知水平。

幼儿攻击性行为多与认知水平较低有直接的关系,幼儿往往对来自同龄伙伴的信息无法做出正确判断。一个攻击性强的幼儿往往用敌意性的动机去判断别人的动机。所以,成人可以通过讲故事等方式,教育幼儿以一种宽容的态度对待同伴。让幼儿明确打人、推人、抢夺等行为是不对的。

(3)让孩子了解攻击性行为的后果。成人要让幼儿更多地了解他的攻击给别人带来的不良后果,例如,听到被攻击者的哭泣。同时,可以通过讲故事等方式,让孩子站在被攻击者的角度考虑问题,通过移情明白被攻击者的痛苦。

如果孩子持续呈现攻击性行为,这将使孩子人际关系紧张、社交困难,从而妨碍孩子的长远发展。此外,心理学研究表明:70%的少年暴力罪犯在儿童期就被认定为有攻击行为。因此,如果孩子经常出现攻击性行为时,家长一定要重视起来,尽早进行引导和教育。

88. 不能骂人

—— 帮助幼儿克服说脏话的坏毛病

仅有几岁大的幼儿,突然嘴里蹦出句脏话来,往往令父母惊骇不已,连连追问他是从哪里学来的。孩子在发脾气时,突然骂开了脏话,又往往使手足无措的父母火上浇油,暴跳如雷。宝宝出现这种行为,父母到底该如何处理呢?应冷静下来,想一下,孩子为什么会说脏话?

事实上,学龄前的儿童还不能真正理解某些脏话中所影射的性的、暴力的内容。特别是2岁多的孩子正处于无意识的学习状态。他们多半是偶尔听到别人说过,觉得新奇好玩,于是会努力地去模仿别人的言行,并以此为乐,但并不明白所模仿语句的含义。所以,父母不必有激烈的反应,父母的惊讶和愤怒可能会加重脏话所发挥的力量,使孩子觉得脏话具有刺激性和杀伤性,会引起别人的注意。这样,他不仅不能克制说脏话,反而会有意识地利用说脏话来使别人注意自己或达到自己的某些目的,从而逐渐养成说脏话的不文明习惯。

那么家长应该如何正确应对孩子说脏话这一现象呢?

(1) 冷处理法。

冷处理法又称为消退法。是指某一行为反复出现时,若这个行为得不到强化,这种行为的发生率就会降低。通过消退程序即停止强化,可以使某种反应的频率降低,消除幼儿已建立的不良行为。当听到孩子嘴里冒出脏话时,假装没听见,不予理会。孩子可能觉得没趣也就自然不说了。

(2) 正确指导法。

如果孩子较多地说脏话,似乎总也忘不了的话,成人可以态度严肃而耐心地向他解释为什么不能说脏话。例如:"爸爸妈妈不喜欢那个字,你不要再用它了。""那句话真难听,你说了大家都会觉得生气的。""那句话不是好孩子说的。你看,爸爸妈妈和老师都不说的,那是电影里的大坏蛋说的。"这样在杜绝孩子说脏话的同时,也能培养孩子明辨是非的能力。

(3) 适当惩罚。

有时也可采取一下惩罚,取消孩子的某些权利,比如不让他看电视,不让他玩玩具或不带他出去玩等。但惩罚时一定要向孩子讲明道理,使他明白为什么自己要受到惩罚。比如可以告诉他:"因为你看了电视要学坏人的样子,讲很难听的话,所以不能再看了";"因为你不听话,爸爸妈妈生气了,所以不带你去公园了,让你先好好地想一想"等等。年龄较小的孩子往往对父母有较强的依恋感,总想获得父母的好感和宠爱,只要父母讲清道理,孩子还是会克制自己的某些行为,去服从父母的要求的,同时也能促使孩子反省自己的行为。

当然,最重要的还是父母要树立良好的榜样,为孩子创造一个文明的语言环境,让孩子在耳濡目染中养成说话文明的良好习惯。

89. 缠人的孩子

——如何面对纠缠不清的幼儿

常听做父母的,尤其是做妈妈的抱怨,下班回到家就被孩子缠住了,不是要你抱,就是要跟到东跟到西,孩子像个"小尾巴"那样跟在妈妈后面,就连妈妈上厕所也不放过。再不就是要求讲故事,和他一起搭积木,就是不愿独自玩,耽误妈妈做其他更重要的事情。有的父母因此故意把孩子一个人反锁在房间里,强迫他一个人独处;有的父母则故意吓唬孩子,如说"再缠着爸爸妈妈,那我就再也不回家了"等等。事实上,成人都知道孩子也没什么大错,但是如果不说他,又觉得烦。令妈妈们头痛的是如何想出一个"摆脱"孩子的同时又不损害孩子健康心理的两全之策。

心理学家认为，倘若妈妈采用强硬的态度对待"缠人"孩子，那么孩子接收到的信息是"可能再分离"，焦虑自然会再度升高，从而导致更需要妈妈，结果，又引来妈妈的严厉责备，就这样形成恶性循环。因此，孩子"缠人"时，妈妈首先应尽可能满足孩子的需要，多关心他。在孩子得到较多满足之后，慢慢再把彼此距离拉大，让他渐渐学会独立。

我们需要明白的是，孩子缠人的心理原因。缠人是一种心理依赖。相对说来，开朗、活动能力强的孩子较少出现这一现象。溺爱受宠的孩子会离不开父母，这种依赖性反映在情绪上，就是围着父母转。同时，自信心不强的孩子越容易缠着成人。

面对缠人的孩子，在此介绍一种较为有效的方法，供父母参考：

一是给孩子腾出一间小空间，放置他的玩具、图书、小桌子、小椅子等，让他在自己的天地自娱自乐。开始时，父母要尽量出现在孩子的视线范围内，让孩子能看得见，增强他的安全感。待孩子玩得兴浓，已经忘却了父母的存在时，成人就可以悄悄离开。

二是妈妈在做家务时，不妨让孩子和自己一起分担一些。比如洗碗时，让孩子担任检查员，检查妈妈有没有洗干净；或者让孩子帮忙擦桌子，帮妈妈开门等。当成人需要安静地看书写字时，也可以给孩子一本书或者纸笔，让他在旁边看书画画。总的来说，就是要让孩子有些事情做。

三是帮助孩子拓展人际交往，如邀请小朋友来家里玩。当孩子和同龄人一起游戏互动时，这也是培养孩子独立的个性、学会与人交往的绝佳途径。

孩子的缠人现象要从根本上纠正这取决于对儿童个性的培养。孩子缠人表示他缺乏自立、情绪不定。要改变这种个性，就需要成人（尤其是祖辈）在平时不要过分保护孩子，而应培养孩子的自立能力，多让孩子自己拿主意，尊重他的选择。等孩子渐渐培养了独立的个性后，也就不会整日纠缠成人。但需要注意的是，成人不能一味地想摆脱缠人的孩子，而是应该控制孩子缠人的"度"，毕竟适当的亲子交流对孩子的健康发展具有非常重要的影响作用。

90. 尽量减轻父母离异对孩子的伤害

——离异父母如何正确对待自己的孩子

父母离异客观上对孩子造成了极大的感情创伤。对于孩子来讲,他们的健康成长既需要父亲的关爱,也离不开母亲的照顾。然而父母由于种种原因不能再生活在一起,那么为了减轻父母离异对孩子的伤害,离婚双方应对孩子的教养问题尽力达成协议,把对孩子的感情创伤尽量减到最小的程度。

首先双方都必须十分理智、冷静地面对现实。千万不要无休止地大吵大闹,不能任意诋毁侮辱对方,更不能大打出手地使用家庭暴力。因为,在离异过程中的家庭"战火"将会比离婚本身对孩子造成更大的伤害。夫妻双方应该平心静气地协商处理好有关事宜,然后各自分别同孩子沟通谈心,确定地告诉他:"爸爸妈妈是因为个性脾气或者生活习惯差异比较大,生活在一起并不幸福,所以想分开来过,这样也许大家都会感到更好些,这对你也有好处。不过这只是我们父母之间的事情,既不是你的过错,也绝对不会影响我们对你的爱,因为你永远是爸爸妈妈的孩子,我们将永远爱你。"这样做有助于消除孩子对以后生活的顾虑,减轻他们内心的恐惧和不安,为孩子的心理建立一层安全感。

此外,为了尽量减轻父母离异对孩子的伤害,父母应该用正确而恰当的方式来对待自己的孩子:

首先,最重要的是:离异的父母切忌在孩子面前无情地痛斥对方,说对方的坏话制造仇恨气息。父母双方对孩子而言,都是最爱最亲的人。当听到一个最爱的人在愤怒地诋毁另一个最爱的人,孩子的心理无疑受到到极大的冲击。这将严重威胁到孩子心理的那层安全感。

其次,离异后,无论孩子是由父亲或是母亲抚养,抚养方尽量在孩子面前表现出快乐、热爱生活。如果孩子突然少了一个亲人,而抚养他的亲人又每天愁眉苦脸、心情压抑,那么成人的这种不良情绪将会转嫁到孩子身上,对孩子的情绪发展非常不利。只有快乐的父母才有可能培养出健康的孩子。

再次,经济方面:父母双方应共同商量孩子的正常消费支出。不能因为觉得离婚,对孩子有歉疚,而导致在经济上过分纵容和溺爱孩子,以此来减轻成人的负罪感。事实上,这样将不利于孩子的健康成长。

此外,离异后的父母双方,也要参与孩子在幼儿园、学校的家长活动。尽量不要有一方对孩子的重要活动不闻不问。父母应该让孩子明白,父母离异是他们自己的事情，孩子并没有因此失去父母。尽量减少孩子的失落感、不安全感。此外，孩子在成长过程中，与不同性别的成人接触，这对于孩子的性别角色的认同是有很大帮助的。

最后，父母要了解孩子除了吃饭穿衣外的更多需求，尤其是精神层面的需求，然后尽可能给予充分满足；一定要抽时间陪伴孩子，哪怕只是陪着他们玩耍（这一点没有离异的家长也经常忽略）。

离异父母如果能够考虑到孩子的健康成长而和睦相处，共同关注孩子的成长，让孩子感受到父母虽然不住在一起，但是父母仍一如既往地爱他。那么孩子的心中就不会有对"爱"和"家庭"的缺失。这样，可以尽量减父母离异对孩子的感情创伤。

第五篇　亲子教育篇

91. 重视人生的第一课堂

——早期家庭教育的作用

家庭是以血缘为纽带的社会生活的基本单位,是社会所有群体中最为普遍的群体,也是每个儿童人生的第一个课堂。每个儿童从呱呱坠地到走入社会,大约有三分之二左右的时间是在家庭中度过的。在影响儿童早期发展的诸多环境因素中,家庭是非常重要的,因为家庭对儿童思想道德品质、文化素质和身体素质等各方面的发展,存在着社会其他群体所不具备的某些优势。

(1) 天然的早期性。

儿童从一出生,便自然地走入了一个家庭,家庭就成了孩子天然的教育场所,父母就是子女天然的教育者。任何早期教育都不可能赶在家庭之前,家庭教育是一切教育的基础,当儿童进入社会教育机构时,往往已面临着再教育、再塑造的问题了。家庭为儿童提供生存和发展的物质条件,照料其度过生命初期极易受外界损伤的一个时期,使其得以存活,使其有了发展的可能性。家庭又为儿童提供了初期社会化的有效环境,使儿童在家庭这一社会细胞中体验、认识到社会生活的一些本质特征,奠定了其社会化的初始定势,为其今后适应广泛的社会生活做好准备。家庭教育的这种早期性教育对儿童一生发展的作用是很大的。由于亲子之间有着不可分割的血缘关系和共同的生活环境,他们既相互归属,又相互依恋。父母对子女有强烈的责任感,关心疼爱他们;子女对父母非常依赖,对父母所说所做,哪怕是批评、指责,一般都比较容易接受。

(2) 巨大的感染性。

家庭成员之间一般都具有血缘关系,家庭是成员之间关系最亲密的社会团体,父母子女之间关系尤为亲密,家庭中充满了骨肉之情,他们之间不仅有着一定程度的不可分离性,而且有着十分亲密的感情上的联系。这种自然的情感比任何其他关系的情感都更加亲密和真挚,是一种深刻、持久而无声的语言,其感染性之巨大,往往是说服力很强的语言所不能替代的。由于父母和子女之间的天然感情是无可比拟的,因此在家庭教育中,情感的感染性发挥着非常重要的作用。说服教育再伴之以情感上的感化作用,往往会大大加强教育的力量并提高教育的效果。因为在儿童早期各心理过程中,"情感"占较大优势。这个年龄的儿童接受教育的前提往往不是"理通"而更在于"情通",在融洽的情感基础上,他们更易于接受教育者提出的各项要求,因此情感的因素对他们能否接受教育来说就更加重要。

(3) 强烈的针对性。

生活在家庭中的各个成员朝夕相处,关系密切,根本利益一致,决定了人们在家中较为自然、随便,以真实面貌表现自己,优缺点表现得更充分,个性特征反映得更真实。对幼儿来说,虽然其对自己的言行掩饰较少,但不可否认,也存在着在家中表现得更自然、随便而真实,无拘无束。这样就便于教育者更全面、深入地观察、了解儿童,所谓"知子莫若父"是不无道理的。同时,父母对子女情况了解得更全面、系统和深刻,容易做到从孩子的实际出发,因材施教,进行有针对性的教育。这种针对性的教育,不仅孩子的问题发现早,教育及时;也可做到尽早发现事情的不利苗头,采取有效的预防措施,防微杜渐。所有这些,都使家庭教育具有较强的针对性,许多超常儿童成长的实例也都说明家庭教育的这种较强的针对性,在儿童早期发展中的作用十分巨大。

(4) 间接的传递性。

一些关于家庭对儿童影响的实验结果表明,家庭对社会影响起着间接传递的作用,即把社会一些较强的影响加以削弱,对儿童接受这些影响起了缓冲作用;或把社会一些较弱的影响加以增强,对儿童接受这些影响起了强化作用。家庭这种对社会影响的间接传递性,对幼儿有特别显著的作用。因为幼儿年龄小,认知和社会性发展水平均较低,独立能力与判断能力较差,对成人的依赖性强,受暗示性强,他们接触的范围又很有限,因此对一些较强的不良影响缺乏抵御能力,而对一些较弱的良好影响往往又缺乏足够的注意。而有了父母为中介,家庭为折射,进入他们心灵深处的各种社会影响就有可能较为有利于他们的成长。

(5) 教育的终身性。

家庭教育是一种终身教育,人们一生始终都是在直接或间接地接受着家长、特别是父母的教育和影响,这是一个相当长的过程。父母对子女既是第一位的教育者,也是终身的教育者。子女从小在父母身边长大,个人的行为爱好、职业选择及终身大事,都听从父母的教诲和正确指导。一生都与父母保持着密切联系,即使是成家立业,自己也成了教育者,只要父母健在,他也还是受教育者。这是一种终身的、连续的教育。有利于增强父母对子女实施教育的强烈责任感,密切父母与子女之间的情感联系,便于父母与子女沟通和交流。

上述家庭教育的优势若发挥得好,对儿童早期的成长发展是十分有利的,但若发挥得不好,或走向反面,那么优势也有可能变成劣势,从而阻碍儿童的发展。例如,亲子间巨大的情感性,也有可能使家长不容易发现子女的缺点和容易原谅子女的错误;而早期性、针对性、间接性和终身性等特点,又使家庭教育的目标、内容、方法一旦偏离正确的方向,便会造成"南辕北辙"的效应,即家庭的力量越强,子女在错误的道路上走得越远。这也从反面提醒我们:家庭教育是非常重要的。

让我们重视人生第一个课堂——家庭的作用。

92. 当好孩子的启蒙老师

——父母是孩子天生的教师

父母是人生的第一个教师,是孩子启蒙教育的引路人。子女在家庭中,接受家长根据社会生活的共同准则所施加的直接教育,从家长对周围事物的评价态度中间接地了解生活,认识社会;从家长的举止言行中的种种表现里,接受潜移默化的影响。俗话说:"松树下面松秧,柏树下面柏秧",通俗地说明了家庭教育是不可低估的。

我国著名文学家老舍先生在纪念他母亲的文章里写过这么一段话:"从私塾到小学、中学,我经历过起码有百位老师吧,其中有给我很大影响的,也有毫无影响的,但是,我真正的老师,把性格传给我的,是我母亲,母亲并不识字,她给我的是生命的教育。"可见父母对孩子影响之大。

家长教育孩子应严爱结合,要求统一,而不是简单地去爱孩子。严格不是简单的限制、命令,更不是严厉、专制、打骂、体罚,严格中包含着说理、引导和启发,严格要求应与尊重、信任、关心、热爱孩子相结合,做到严中有爱,爱中有严,严爱结合,刚柔相济。孩子长时间在父母的严格要求下,会出现反常心理,如:一个严厉的父亲以传统观念来严格要求孩子,首先孩子会把这种过时的东西极为愤怒地抛弃,但对于父母的严格又无法摆脱,在这种情况下,他只好把自己孤立起来,时常会把自己的内心世界紧闭着,不让别人打开,也有的只是一味地反抗,最终做出一些别人想不到的事来。这时才去请教心理医生,深感自己过去的过失,但早知如此何必当初。

家庭是天生的学校,父母是天生的教师,不管你是有意还是无意,父母从品德学识,到一言一行都无时无刻不在影响孩子,对孩子起着耳濡目染的作用。正如古人说的那样:"少成若天性,习惯如自然",一个人从小形成的品德习惯将像与生俱来那样自然,这个基础打得好,将会终身受益。

父母要当好孩子的第一任教师,就要自身有较好的思想素质。包括父母的世界观、人生观、思想品德等。这些因素都体现在日常生活中,就是父母自身行为的准则。它们也决定了父母选择什么样的教育指导思想,想要把孩子培养成一个什么样的人。而且他们的一举一动,也深刻地影响着孩子。为孩子树立良好的榜样,并努力克服自身的缺点和不良习惯。如：一位妈妈带孩子上街买东西,发现营业员多找给她钱时,马上退还,看到营业员向妈妈道谢,孩子会为妈妈感到自豪,并产生了也要做个诚实孩子的愿望。反之,如果这位妈妈在付钱时,趁营业员不注意,顺手多拿了一样货物放进包里,孩子见了,以后也会学着贪小便宜,甚至发展到偷东西。再如：在家里,有了好吃的东西,父母能先想到老人,邻居家有困难时,能主动去关心帮助,孩子见了,也会仿效父母,尊敬长辈,乐于助人的。家长良好的道德行为会像种子一样在孩子幼小的心里扎根,并开花结果。

同时,家长应有一定的文化素养。家长的文化素养,很大程度上决定了家长的理想、情操以及教育能力和教育方式的运用。家长成为孩子爱好学习的榜样,努力看书学习、汲取知识,不断提高自身的文化素养,那么孩子也会对学习发生浓厚的兴趣。对孩子的学习进步,以及道德水平的提高,提供了有利的条件。

此外,家长还要学习教育子女的方法,培养教育子女的能力。这包括家长要了解孩子的能力和思想,了解孩子分析问题的能力和解决问题的能力,从而避免对孩子的感情用事。不武断、草率地对待孩子。因此,家长最好还要学点科学教养孩子的知识。总之,父母为了孩子的成长,要努力塑造好自己的形象,以当好孩子的第一任教师。

93. 父母永远是孩子的"榜样"

—— 父母以身作则至关重要

家长以身作则,用自己的言行给孩子以好的影响,说起来容易,做起来并不简单。有一位家长平时老实厚道,和同事、邻居关系都很好。可他的孩子却总是欺负其他小朋友,老师怎么教育都不起作用。老师向家长反映情况,家长说："这孩子从小就很淘气,为此我没少揍他。我也不明白,怎么揍不好呢？"老师听后明白了,原来孩子好欺负小朋友,是受他家长的影响,虽然家长无心教孩子欺负小朋友,可他"打"孩子的行为,对孩子产生了很大影响,误以为自己学到了"本领"——以强凌弱,这样就产生了负面的影响。所以说,孩子从大人那里学到的东西,都是大人平常在孩子面前表现出来的行为,就这样潜移默化并深深地被孩子记住、模仿。

俗话说："父母是孩子的镜子,孩子是父母的影子。"这告诉人们,在每一个家庭里,父母都要以身作则,要为孩子作出良好的榜样,如果父母这个榜样出了差错,孩子的行为举动可能会沾上不良的习气。父母是孩子的第一任老师,自己的一言一行、一举一动都在无形中感染和熏陶着孩子。让孩子做到的,自己要首先做到。当父母对孩子提出要求时,要首先想到自己是否能够做到,如果自己没有做到,甚至是在做相反的事情,就不会有什么好的效果。父母要树立自己榜样的形象,让孩子能够看到对比。父母就像是孩子的镜子,孩子的行为举止和价值观90%来自于父母的榜样,有什么样的父母就有什么样的子女,因此在做事情的时候,孩子会很自然地想父母是怎么做的。因此,父母一定要严格要求自己,尤其对形成品德影响较大的方面应该重视起来。孩子只有看到你是怎么做的,才会听你是怎么说的。

　　爱模仿是孩子一种重要的心理特点,具体形象、鲜明生动的榜样最容易被他们理解和模仿。由于父母与子女自然感情的亲密性,来自父母的榜样更易于使子女受到感染和激励,因而其教育的作用就更巨大、更深远。因此,父母不仅是子女的第一任教师,而且也是第一个榜样。孩子品德行为的培养不仅从父母的"言"中明辨是非,更需要从父母的"行"中受到感染的模仿,观其"行",重于听其"言"。对父母来说,重要的是尽量给孩子提供一个完美的学习榜样。父母自身的行为在教育上具有决定意义,在生活的每一瞬间,甚至当父母不在家的时候,都教育着孩子。父母怎样穿着、怎样和别人谈话、怎样做某件事情、对他人是怎样的态度和表情、怎样说、怎样笑等等都会对孩子产生巨大的意义。因此,做父母的要以身作则,严格要求自己,努力检点自己的言行,给子女作出好的榜样。要求孩子做到的,自己首先做到;要求孩子遵守的行为规范,自己首先要遵守;尤其是父母的言行有误时,千万不要回避,要立即纠正,从而树立一定的威信并给孩子树立了勇于承认错误和改正错误的榜样。如果要求孩子做到的,家长自己并不做到,那么教育的效果必然降低。

　　——如果你想使你的孩子尊敬别人,那么你就应该用自己的行动在这方面为孩子树立榜样,你尊重自己的父母和周围的人,对人关切、随时随地给人以帮助。如关心老人的冷暖、健康,在公共汽车上主动给老人、婴孩、孕妇让座,给发生困难的人以帮助等。在你的影响下,孩子也会真诚地尊敬长者、幼儿园的老师、小朋友和所熟悉的人,也富有同情心地去关心别人,帮助别人。

　　——如果你希望孩子不会成为一个粗暴的人,那么在家里或外面,你自己就要注意言行,而且也不允许孩子有吵骂及其他粗鲁的行为。家长时时处处注意说话文明、有礼貌,声调是平静的、善意的而不是激怒的、恶毒的、庸俗的。孩子看在眼里,听在耳中,记在心上,慢慢也会照此行事。当偶尔出现与同伴打骂时,家长及时指正,久而久之,孩子就会养成尊重他人的言行习惯。

　　——如果你想使孩子成为一个喜爱整洁的人,那么你就应该注意自己的举止行动,让你的孩子乐意去模仿你。你每天要保持仪表整洁,屋子打扫干净,床上枕被叠整齐,衣柜书架、鞋具都要整理得有条不紊,饭前便后要洗手,在公共场所把瓜皮果壳扔到废物箱里等,孩子见了也会学着脱下的衣服折叠整齐放好,玩具图书玩过看过后整理好放在固定的地方,在家或幼儿园等处不乱抛纸屑和糖果纸,手脏了也会主动去擦洗干净。

　　——如果你想使你的孩子成为一个诚实的人,那么你就应该注意自己时时言行

一致,不说假话、不拿别人的东西。如你答应过孩子做一件事情,那一定要设法做到,不能骗孩子,在幼儿园或马路上捡到东西就要带领孩子设法去寻找到失主。

总之,教育正在成长的一代,这个责任不只是在于教师,我们的家长也负有很大责任,因为父母的行为就是孩子们的榜样和模范。父母以身作则对更好地教育孩子、实现父母的殷切期望有着不容忽视的作用。

94. 不能一个唱红脸,一个唱白脸

——家庭教育应当保持一致

家庭是幼儿接触的第一个集体,第一所学校,早期的教育影响是从家庭开始的。幼儿与家庭成员朝夕相处,产生了深厚的感情,幼儿也最信任、爱戴、依恋成人。家庭教育是幼儿接受教育的重要起点,也是使孩子尽快成才的重要条件。但每个家庭成员又有所不同,有的只有父母二人,有的除了父母外还有爷爷、奶奶(或外公、外婆)、叔叔和姑姑(或舅舅和舅妈)。成员不管有多少,但几个"教师"必须步调一致,共同配合,热爱与严格要求幼儿,处处正面教育孩子,这样才能使幼儿身心得到很好发展。

红脸白脸相配合这种方式是不可取的,这是一种不良的教育方法。如果一个家长对孩子比较严厉、要求严格,另一个家长就过于温和,迁就放任,就会出现这种情形:孩子在面对严厉家长的时候,就很老实,唯唯诺诺,有自己的想法也不敢说出来。而孩子在面对温和的家长时,就"放肆"多了,为所欲为,一点规矩也没有。这样的家庭教育方式,会造成孩子心理上的不平衡、不正常。父母的态度不一致还可能使孩子乱钻空子,把父母分成谁好谁坏,这种角色的不一致,可能会导致家庭的不和谐和矛盾的发生,更不利于孩子的成长。

日本教育家山下俊郎等人通过研究"父母的育儿态度与孩子的品质和操行"指出"父母与孩子接触的程度越是一样,就越有利于培养孩子的良好品质和操行","父亲的作用和母亲的作用差别越小,就越有利于培养孩子的良好品质和操行",孩子的品质和操行对其人格的发展具有重大的影响。所以在日常生活中,父母应该做到教养态度一致,应该注意要多与孩子沟通和交流。把对孩子的爱埋藏在心里是远远不够的,父母还必须把这种爱表达出来,让孩子亲身感受到。一方面,父母要拓宽交流的广度,全方位地与孩子接触。例如,每天挤出时间和孩子在一起,今天做游戏、看电视,明天讲故事、说笑话,后天谈心、画画,大后天郊游、远足等。另一方面,父母还要加强交流的深度,提高与孩子沟通的质量。例如,父母在和孩子进行情感交流时,应采用移情的方式:倾听孩子的诉说、体察、接纳、反映孩子的感受,引导孩子讨论自己的感受,给孩子提供必要的帮助和鼓励。

此外,家长还要注意充分发挥孩子自身行为的教育价值。"数子十过,不如奖子一长"是父母必须掌握的教子艺术,为了使孩子得到健康、正常的发展,在一个家庭里,特别是人口较多的"大家庭"里,家庭中成人间应经常彼此商量、统一口径。因为每个成人的思想、性格、教育方法是有差异的,对孩子的情感也是不一致的,通常情况下,老人对孩子的情感是十分突出的,容易偏爱孩子。成人应经常主动阅读一些有关促进幼儿身心正常发展的教育书刊,学习一点儿童心理学和教育学的粗浅知识。在业余时间,针对自己孩子的特点探究正确的教育思想和教育方法,经常耐心坦率地和老人商讨,统一思想,一致要求孩子。即使碰到有不同意见时,也决不要当着孩子的面争吵,防止对孩子产生不良影响。

95. 家庭永远是孩子的课堂

——为幼儿创设良好的家庭教育环境

一个孩子呱呱坠地来到人间,首先进入的就是家庭,家庭是人生的第一个生活环境。从此,直到他走入社会以前,有三分之二的时间将在家庭里度过,家庭环境的好坏,不可避免地会给孩子的成长带来巨大的影响。如果在一个井井有条的家庭里,儿童的生活是有规律的,有利于孩子养成一些生活和学习的好习惯;如果在一个十分拥挤又十分吵闹、外界无关刺激不断的家庭里,如常有客人来闲聊等会影响孩子的认知水平,因为一个吵吵闹闹的环境,无法使孩子集中注意力,也不利于孩子创造力的发展。为此,我们要尽可能地为孩子创设一个良好的家庭环境,更便于实施家庭教育,以促进他们身心健康的发展。

首先,家庭要创造一个良好的物质生活环境。这并不是要去追求什么豪华的摆设,高档的消费,我们知道家庭是全家人生活、团聚的场所,家具的摆放、房间的布置,反映了家庭的审美情趣,同时也愉悦人的身心。因此,在现有条件下,可以将家里收拾得整齐、清洁、美观大方、舒适宜人,使人感到赏心悦目并要做到空气流通。把房间布置得错落有致,井然有序,千方百计为孩子留出一小块活动的天地,以便孩子做游戏、表演,进行各种活动,一个美好的生活环境,即使是斗室,也会给孩子带来安定感,并感到心情舒畅。如果室内横七竖八堆满东西,又杂乱肮脏,即使房间比较大,也会使人感到压抑,而且晦暗的光线、杂乱的环境还不利于孩子的情绪和健康。家长在塑造美的家庭环境的同时,也应要求孩子亲自参加美化家庭生活环境的工作,如保持整洁、取水浇花等等,逐步养成保持家庭优美环境的良好习惯。另外,物质环境还包括家庭的物质生活条件、家庭经济收入的安排及使用。家庭的经济收入

多少、生活水平高低等等都不决定对子女的影响是积极的还是消极的，起决定作用的是如何使用、如何安排家庭的经济生活。家长应该科学地对经济收入进行支配，合理消费，计划开支，量入为出，使家庭收入略有节余，使得家庭生活能够过得和谐、美满，即使家庭生活条件稍微差一点，孩子也会感到幸福、温馨、快乐。如果家庭经济收入没有科学地掌握好，大手大脚地花钱，没有计划性，即使家庭生活得很好，对孩子不一定是个很好的榜样和积极的影响。因此，家长应有意识地把家庭经济收入安排好，给孩子创造一个良好的生活环境和经济环境。

其次，家庭应创设一个和谐的人际关系环境。家庭应该是爱的花园，家庭成员之间互敬互爱，和谐融洽，平等相处，和周围邻居和睦互助。在这样的环境中，孩子会感到家庭的温暖与幸福，不但情绪愉快，还能受到良好的道德感染，他们会懂得怎样做人、怎样爱人，性格活泼开朗，正直善良，并能尊敬长辈，友爱同伴。反之，父母间如经常反目相对，唇枪舌战，甚至拳打脚踢，或歧视、虐待老人，与邻里间常为一点小事就吵吵闹闹，骂骂咧咧，在这种环境影响下，孩子也许会胆小怕事、畏畏缩缩，生怕因自己说错一句话或做错一件事而又引起父母间的一场争吵，也许会脾气乖戾，也开口就骂，动手就打，在邻居和同伴中成为不受欢迎的人。所以会造成这种情况，是因为孩子年龄小，思想还没有定型，可塑性很大，他们对周围的一切都感兴趣，但辨别是非的能力还差，对父母或周围人们的一颦一笑、一举一动都会不加选择地模仿，这样日积月累，潜移默化，自然而然就会学着做了。我国古代的父母就已十分注重孩子早期的人际环境影响，《孟母择邻》的故事就是一个典型的例子：起初，孟子家住在坟地附近，幼小的孟子就常和小朋友玩挖坑埋人的游戏。孟母认为这不利于孟子的成长，就搬到集镇居住，孟子又和小朋友学做商人买卖的游戏，孟母仍不满意，又第三次搬家，搬到一个学馆的旁边。于是孟子就和小朋友学做读书讲礼貌的游戏，孟母这才决定在这里长住了。从这件事上，反映了孟母重视人文环境对孩子的影响，在这一点上，至今仍有现实意义。

家庭中的文化环境也是十分重要的。如家里可摆放一些文化设施，包括报刊、书籍等精神食粮。家长如果尊重知识，热爱科学文化，自己常常看书学习，知识面较广，能回答孩子提出的各种问题，又能带孩子参加有益的文化娱乐活动，孩子也会勤思、好问，有强烈的求知欲望，并从小受到良好的科学、艺术熏陶。这不仅对孩子丰富知识、开阔视野、陶冶情操、纯净心灵大有好处，而且有助于推动成年人的继续学习和提高家庭文化生活的品味。而父母如果常整夜地观看电视、录像，热衷于打麻将，通宵达旦地"方城大战"，根本不顾及孩子的生活、学习，孩子也会变得头脑简单，低级庸俗，只知吃喝玩乐。

为了让您的孩子能身心健康地成长，请家长努力创造一个良好的家庭环境吧！

96. "类单亲家庭"的负面影响

——如何克服"类单亲"的家庭气氛

随着时代的发展、文明的进步,有许多父母或因分居两地和工作关系,或因性格关系不能与孩子朝夕相处、亲密接触,导致有15%～45%的双亲家庭的孩子,生活在一种"类单亲家庭"的氛围中。孩子与父母中的一方长期聚少离多,处在一种类单亲气氛中,这对孩子的成长极为不利。于是,孩子的感情重心也倾向于照管者这一方,而另一方在孩子的心目中是无足轻重的。教育学家指出:很难想象"又当爹又当妈"是一种周全的教育方法,女性教育的柔弱周密与男性教育的坚韧有力,在孩子的日常教育中起着互补作用。所以"类单亲"氛围对孩子的家庭教育会产生不少负面影响。

某些职业的性质,注定使其家人包括孩子,在相当长的一段时间里要接受离多聚少的生活。这些无奈的父母,可能是海员、军人、驻外记者、营销人员、驻外地办事处人员、演员……他们普遍在事业上有见地有招数,但是面对家中日渐对其有排斥感和陌生感、日渐桀骜不驯的孩子却束手无策,那么父母双方应该如何配合,克服这种消极影响呢?

(1) 与孩子建立热线联络。

离家的一方应该了解到类单亲家庭中"远游"的一方与孩子建立热线联络的重要性。书信、电话、E-mail,它们能延续相聚时的浓浓亲情,也会将彼此的倾诉和了解变成一项日常功课。特别值得一提的是书信,作为父母,可以在书信中解答孩子的困惑,排遣孩子的烦恼,鼓励孩子达观地看待成败,了解孩子微妙的心理症结。作为孩子,哪怕他还不太识字,连比带画写一封"拼音图画"信也能让你欣喜若狂。记住:要给孩子单独回信,就像给他妈妈回信一样。

(2) 让孩子参与社会活动。

对于类单亲家庭的孩子,家长要注意多和孩子进行交流和沟通,重视孩子情感方面的需要。多给孩子提供精神上的支持,教育孩子自尊、自强、自爱、自励,鼓励孩子积极参加集体活动,尽可能地参与社会活动,不要逃避社会,要主动与人交往,培养健康、开朗、乐观的性格。

(3) 要培养孩子的独立意识。

有许多类单亲家庭中,父亲或母亲对孩子格外关心,惟恐孩子不安全、出事故。对孩子的生活包办代替,使孩子从小就养成衣来伸手、饭来张口的习惯,还采取种种办法来限制孩子的活动,这也不行,那也不准,生怕孩子出问题,孩子事事不能独立,没有机会亲自去体验一些生活中必不可少的"风险",这样的孩子缺乏独立意识,一旦离开了家长,便不知如何面对生活中的困难和挫折了。

(4)在子女教育中出力多的一方,不要当着孩子的面随意诋毁另一方对孩子的关爱之心。

事实证明,孩子的感情偏向不是天生的,而是家长影响出来的。一位丈夫工作很繁忙,很少能照顾家庭,母亲独自承担起照料孩子、照管家务的工作,因此这位母亲常常当着孩子的面诉说其丈夫不负责任,哭诉自己独力难支之苦,这给孩子造成了"父亲是个不负责任的人,他从来没有为我做过什么,他根本不在乎我"的印象。他对母亲的依赖也就更加强化了。家庭中的"类单亲"氛围更加浓重。

(5)父母双方应争取机会,创造条件让不常跟孩子在一起的那一方去对孩子进行学业指导或嬉戏玩耍、开家长会等。

这样做能够给孩子产生这样的印象:"爸爸虽不过问我的生活细节,但他却在关键时刻关心我、帮助我。"这样,孩子就会明白,父母给他的影响是对等的,同样不可缺少的。

97. 给孩子多一份尊重

—— 幼儿需要父母的理解与尊重

孩子幼小可爱,稚拙天真,以至父母长辈常常对之逗引取乐或倾注过分的爱,而容易忽视怎样给孩子多一份的理解和尊重。著名教育家马卡连柯说得好,他说:"孩子是活生生的生命,美好的生命。因此,对待他们就应像对待同志和公民一样,必须了解和尊重他们的权利和义务,享受快乐的权利,提高责任的义务。"不管孩子年龄幼小,生动的比喻把他们提到与成人平等地位。大量的事实可以说明,给孩子多一份理解和尊重,在他们建立自尊、自强、自信的信念方面,就能多推进一步。成人对孩子尊重与否,对孩子的学习、成才起着关键的作用。

家长对孩子有抚养、教育的责任,孩子也应该尊重家长、听从家长的正确教诲。但是这并不意味着孩子对家长要惟命是从,作为家长应注意改变观念,用民主平等的态度对待孩子。有的家长行为粗暴、做事冲动,有时不通情理,会委屈了孩子、伤害了孩子。孩子正处于发展阶段,他们提出的很多要求有些是合理的,有些是不合理的。对于孩子合理的要求,家长应该尽量地满足,即使一时不能满足也要及时地说清楚道理;对于孩子不合理的要求,则要一概拒绝,并说明理由。那些对孩子的要求不管是合理还是不合理,一并拒绝,甚至训斥、打骂孩子的做法,只能会使孩子对家长惧怕、反感,进而疏离,不利于亲子之间的沟通,更不利于孩子身心健康地发展。因此家长应尊重

孩子,理解并接受孩子的合理要求,平等地对待孩子,了解孩子的内心。

从当今教育的现状出发,对孩子的尊重可从尊重孩子的独立愿望、兴趣、见解、自尊和人格等几方面做起。生活中,我们常常发现,随着孩子年龄的增长,他们极力希望摆脱对父母依赖,摆脱他人的意志,样样都要求自己来或者固执己见。如孩子刚学会走路尽管还跌跌冲冲,但就是不要大人扶持;吃饭时嚷嚷要"自己喂";有时候,大人们越是要赶时间,急急忙忙帮他穿好衣服鞋袜,刚一转身,他却又固执而笨拙地脱掉重来。这些都是孩子身心发展到一定阶段的必然反映,"自我意识"的萌芽是健康孩子发展成长的表现,家长们最好顺着孩子心理发展的轨迹因势利导,积极鼓励孩子的独立精神,必要时还可为其创造一些条件或稍加指点帮助,促使其独立性的形成。其次,孩子虽然年龄幼小,能力有限,但他们有自己的兴趣和爱好,比如有的孩子对一些小虫、小生命特别感兴趣,有的女孩子则喜欢娃娃、喜欢唱歌跳舞。我们应该允许他们保留自己的兴趣,也就是说要给幼儿一定的自由度,不要过分地限制或者约束他们。生活中有的家长不尊重孩子的兴趣,强行按自己的想法安排孩子的活动,结果适得其反。凡是对孩子有益兴趣,都应给以尊重和积极的支持,避免事事处处按成人的兴趣或愿望安排幼儿的活动。

父母应树立正确的家庭教育指导思想,学会尊重孩子,要尊重孩子的人格,要把孩子看做是一个独立的、与父母平等的人,不可视其为自己的私有财产,要尊重孩子的感情。父母要学会理解孩子,要能放下架子,倾听孩子的意见,设身处地地从孩子的角度来观察、分析问题,也就是要将心比心,才能达到与子女心灵的沟通与共鸣。父母要体谅孩子,与他们共快乐,为他们排忧解愁,这样才能获得子女的尊重。父母更要尊重孩子的权利,当然尊重并不等于一味地迁就或放任自流,实际上,父母有针对性地实事求是地批评指导也是尊重孩子的一种表现。当然,爱孩子是所有家长的共性,但爱要理智,是以尊重和理解为前提的。父母还要了解孩子的心理特征,掌握科学教养子女的规律和方法,改变错误的态度和方法,做到教养结合、爱严结合、言传身教结合及父母在教育子女上的协调一致。

特别重要的是必须尊重孩子的自尊心,家长教育子女时要忌讳用恶言,如说孩子是"傻瓜"、"废物"、"流氓"等侮辱性的语言。并且也不要说绝对的话,如说孩子"你也就这样了,不会有出息了"、"我看你就是个不听话的孩子"等。此外,也不要强迫自己的孩子,如说"我说不行就是不行!""以后不许这样做!"等等,更不要威胁孩子。家长们最好尽可能避免当众批评或呵斥孩子,不要过多地当众谈论孩子的缺点,更不可嘲笑或丑化其缺陷。孩子虽小,也有自己的自尊心。如果他的自尊心受到了伤害,他就可能不愿意再听父母的话,对父母产生抵触情绪;如果孩子的自尊心得到了满足,他就会情绪稳定,并能接受父母的建议,学习东西也更有积极性。因此,家长应善于发现孩子的进步,要细心观察孩子,及时鼓励孩子的进步,让他自觉地尽快地克服缺点，树立自信心。

儿童的可塑性很强，家长要尽量利用他们自身的积极因素，克服他们的消极因素，尊重孩子的人格，保护孩子的自尊心。只有当孩子感到成人尊重自己的时候，他才能愿意接受成人的教诲。给孩子多一份尊重，实际上也是对孩子爱的一种表现。愿所有的父母和长辈们在爱孩子的同时，给孩子多一份尊重。

98. 无以规矩 不成方圆

——谈家规教育

所谓家规，简单地说就是家庭成员共同遵守的道德行为准则。家规教育，就是家长通过良好行为规范的训练，有目的地教育孩子遵守一定的道德行为准则，从而培养幼儿良好行为习惯的一种家庭教育手段。制定家规，并非用条条框框去约束孩子的手脚，限制孩子的发展，而是在鼓励和培养孩子充分发挥自己创造力和创造精神的同时，教育和引导孩子用正确的行为规范来调节和控制自己的行为，在日常生活中，养成良好稳固的行为习惯。也并不是当孩子犯错误时，家长才想到用家规来惩罚孩子，而是防患于未然。因此，家规教育是一种长期的、潜移默化的教育。

孩子从小到大，家长应给他们经常灌输一些浅显易懂的道理，并鼓励孩子去做正确的行为，从而在他们小小的脑袋里就有很多关于规则的思想，对他们未来的健康发展很有帮助。父母的鼓励、诱导、启示，也是孩子乐于接受的。制定家规可从以下几方面予以实施：

首先，要对孩子说明制定规则的理由。讲道理要简单明了，使孩子易懂，讲多了讲深了也许孩子会弄不明白，这样规则的实施反而得不到好的效果。如要孩子去吃饭，可对孩子解释说，好好吃饭会长得很高很高的，为了他能够快点长高长大，现在就应该好好吃饭了。

其次，规则要清楚且要坚持执行家规，不要任意改变。如"不要把玩具乱放"，这句话含义太宽泛了，那应该放在哪里呢？你可以说："放在床头柜里。"这样把规则说得明确一点，孩子也会马上领悟到自己该怎么做。除了规则清楚外，不要经常改变家规，明天又说："把玩具放书桌上。"这样会造成孩子对规则意识的紊乱。因此规则之间、成人之间、前后之间不能相互矛盾，否则孩子无所适从，习惯就难以养成。

再次，要经常重复规则。因为孩子年龄太小，缺乏经验，很容易把规则忘掉。而且孩子注意某一件事的时间很短，更容易忘记规则，因此，要经常提醒孩子。那么规

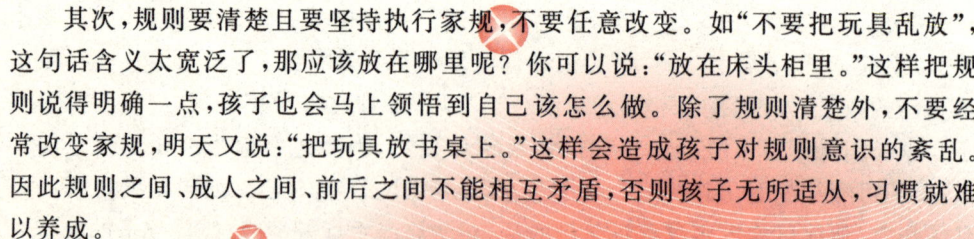

则就不要制定得太多,太杂,孩子会记不住的。这需要父母具体指导孩子如何遵守家规。此外,父母也要以身作则,在公共场所也要像在家里一样遵守规则,给孩子做一个很好的榜样,这样大人的行为更深刻地影响着孩子的认知。

另外,必须给幼儿制造一个良好的教育环境。家庭教育环境,主要是指家庭成员之间形成的一种气氛,是团结和睦的还是矛盾分裂的;是积极向上的还是消极颓废的;是热情温暖的还是孤独冷漠的;是有节奏有条理的还是懒散杂乱的,这些对幼儿形成良好的行为有重要影响。给幼儿制定的常规要求,家长必须身体力行,成为幼儿学习的楷模。此外,家庭环境布置是否整洁,生活安排是否井然有序,对孩子的行为都会产生潜移默化的影响,家长不可轻视。

99. 如何为孩子买书

—— 给幼儿购买书籍的学问

走进书店,会发现儿童读物琳琅满目,丰富多彩。想给孩子买几本,可又不知道买什么书好。随随便便地挑几本回家,却又发现不适合孩子。究竟怎样为孩子买书呢?

首先,要考虑是否适合孩子的年龄特点。

3岁幼儿在语言能力方面已经由单字句发展到双字句或三字句,因此较能与父母或其他人沟通。在视觉方面,他们更能够掌握图画画体的大小、远近,对立体知觉也逐渐能够理解。父母在看书时除可依照图片的顺序讲故事给子女听以外,还可利用单一的图片训练儿童的推理能力。4岁幼儿的语言能力快速发展,好动,注意力不集中。喜欢拟人化的动物故事,随着语言能力的加强,对童话、儿童、民间故事也十分有兴趣。父母亲可考虑选择富有想象、创造力的图画故事,或具有实际观察意义的图书书。5岁幼儿的语汇已经相当丰富,能较确切掌握他人说话的意思以及正确地表达自己的想法和意见。因此,父母可选择较复杂或拟人化的故事,以延伸幼儿生活经验,刺激想象力,并可加入浅易科学性读物,启发幼儿对科学及大自然的好奇。6岁幼儿这时期可以给孩子多层面的选择,历史故事、童话、民间故事都很适合。除了文学性的书籍外,知识性的图画书也可扩大孩子阅读的兴趣。可让孩子看图说故事,训练其想象、思考、创造等各方面的能力。这些各年龄段的特征是家长购书时需充分注意的。

其次,给孩子选书,书的纸张颜色、光泽度、色彩、画面都非常重要,因为这些要素会影响孩子的视力。

——纸张不能太白。

用白色纸张印制的书刊外观很漂亮,印刷非常精致,但读起来眼睛却很容易疲劳。纸张过白,一是会增加颜色的对比度;二是反射光线过强,会过度刺激视觉神经,容易引起视觉疲劳。看电视为什么要开灯,就是要减小对比度。如果图书纸张看上去十分刺眼,或者看了不到10分钟眼睛就感觉累了,那纸张颜色肯定是不合适的。

——反光不能太强。

好的儿童图书,色彩要柔和,接近自然色,反光不能太强烈。反光越厉害,眼睛受到的刺激越强,眼睛特别容易疲劳,时间长了就会形成功能调节性近视。

——色彩不能太艳。

孩子的视觉需要刺激,但如果认为鲜艳的颜色就是对视觉的刺激,那就大错特错了。孩子看惯了色彩太重太鲜艳的颜色,以后对自然颜色的分辨力就会减弱。就好比我们给孩子吃多了太咸的食物,以后他对食物的味道就不那么敏感了。

——画面不要太细。

成人愿意看精细的画面,而儿童图书画面却不能太细太复杂,字也不能太小,否则孩子看起来很吃力,他会不自觉地睁大眼睛,凑近图书,时间长了会影响其视力。

第三,家长要注意培养保护孩子的兴趣爱好,也要启发建议和引导孩子将兴趣投入更多的领域。

当一个孩子迷恋汽车品牌时,家长除了可以帮他购买一些汽车画报外,也可建议他阅读一些关于汽车外型设计的画报,从而引发他对于美术的兴趣。当一个孩子热爱绘画时,父母也不妨请他将故事书中的故事画出来,并用绘画的形式将之发展、续编下去,从而引发他对文学的兴趣。这时,孩子难免会遇到文字的障碍,父母不必急于让孩子记住文字,而是在阅读中一边充当孩子的翻译员,一边激发他们识字的愿望,这种情况下的识字才是最轻松而有效的。

第四,要选择思想性、科学性和教育性较强的书。

好的图画书可以培养儿童良好的品德和行为习惯,经常看这类图画书的孩子,无疑会受到潜移默化的影响,如同春雨"润物细无声"。科学类图书可以使孩子从小接受自然科学知识的启蒙,发展其丰富的想象力。文学类的图画书可以让幼儿了解人与人之间的交往和情感,引导幼儿学习文字、语言和一些生活知识等等。

总之,孩子在父母精心为他们挑选的图画书的熏陶下,将同小树沐浴着阵阵春雨般地茁壮成长!

100. 给孩子订一份杂志

——幼儿阅读书刊杂志好处多

　　一本好书、一种好的杂志对孩子所起的作用有时是不可估量的,甚至会影响孩子的一生。当几个月大的婴儿睁大双眼东张西望的时候,给他一本色彩艳丽的画册,他会好奇而又兴奋地注视它,观看它。当孩子长到7～8个月时,就能用手抓住画册兴趣浓厚地看上一会儿了。等孩子长到1岁左右,开始咿呀学语时,他已能在画册上指指点点,有时口中还念念有词,煞有其事地在阅读。而1岁半的孩子,已能把他所认识的物品、动物等在画册上指出来,并能叫出其名称。2～3岁以后的幼儿,便能对感兴趣的画册认真地、仔细地翻看,并在成人的指点、讲解下理解其画面的含义,并能用简单的语句把其内容描述出来。而4～5岁以后的孩子已能独立地读懂画面内容,并能用连贯的语句表达其内容。因此,好的画册和杂志能开阔幼儿的视野,丰富幼儿的知识,发展幼儿的智力,同时可以培养幼儿浓厚的学习兴趣和强烈的求知欲,提高阅读能力和语言表达能力,同时也为今后入小学系统地阅读打下良好的基础。可以说,一本好的杂志将给幼儿带来知识和乐趣。

　　下面将向年轻的家长们介绍一些全国优秀的幼儿杂志,阅读对象主要为3～6岁幼儿。

　　《幼儿画报》创刊于1982年,由我国最大、最权威的少儿出版传媒集团——中国少年儿童新闻出版总社主办。读者对象为2～7岁幼儿及其老师、家长。《幼儿画报》倡导以"名家养育名刊"的办刊方针,每一篇故事均出自著名儿童文学作家之手,每一篇图画都出自著名儿童画画家之笔。由我国业内顶级人士共同打造《幼儿画报》的质量。目前,《幼儿画报》动画版正在我国十余家电视台的少儿节目中热播。

　　《幼儿智力世界》是由浙江少年儿童出版社编辑出版的优秀幼儿杂志,适合2～6岁幼儿及其家长阅读。创刊20周年来,发行量一直名列前茅,是同类杂志中的佼佼者。她不仅是国家教育部向全国家长和幼儿园推荐的优秀幼儿刊物,也是国内唯一一家连续两届获得国家期刊奖百种重点期刊的幼儿杂志。《幼儿智力世界》是全彩色半月刊,每期拥有40个版面的丰富内容。故事性和游戏性并重是其主要特色。上半月刊带给孩子优秀的童话作品,让孩子得到美的熏陶,培养孩子良好的行为习惯。主要栏目有:妈妈讲的故事、数学故事、经典一刻、传统放大镜、宝宝好习惯、动物天地、七彩故事屋等。下半月刊与欧洲最有影响力的儿童出版社——巴亚出版社合作,带给孩子最好的游戏内容。在游戏中培养孩子的观察力、创造力和想象力。

学前儿童心理与教育120问

主要栏目有:故事游戏、寻寻乐、光头探长、快乐之家、亲子手工、小小魔术师、小小实验室等。

《幼儿故事大王》杂志创刊于1994年1月,悉心满足3～7岁孩子"天天听故事"的渴望,是国内唯一刊发的适合3～7岁幼儿阅读的故事专刊。上半月《经典阅读版·幼儿故事大王》内设国内童话名家和知名画家联合打造的最新原创图画故事、好孩子品德故事和幼儿成长故事、好看的连环画、让孩子丰富知识及发挥创造性的"探索世界"栏目以及与欧美同步的儿童绘本介绍"亲子图画书屋"。重点推出由中国最好的儿童文学翻译家之一任溶溶老先生专为本刊小读者精心挑选的世界名著故事,让幼儿在听故事的同时获得想象的乐趣、修养品德以及实现心理品质上的全面成长。

《学前教育·家教版》。2～6岁幼儿家长育儿生活的全部烦恼和希望,尽在知己知彼中:《每月话题》关注教育问题,提供专业方案,聚焦时尚育儿生活;《阅读故事》配合画刊,倡导亲子阅读新生活;《健康门诊》、《教育诊断》现身说法、权威意见、指引疾病预防、治疗和抚慰;《童心物语》、《才智阶梯》、《亲子个案》剖析孩子的心理发展规律、年龄特点以及成长指标,引导多元化兴趣取向;《人物》、《家长手记》、《家长会议》,展示家长风范,讲述育儿故事,荟萃家长声音;《家园面对面》、《活动DV》呈现幼儿园的教学过程和教师的教育机智,引导衔接与沟通。

《儿童故事画报》是江苏少年儿童出版社的品牌刊物,具有34年的办刊历史,在国内具有广泛的影响力。是一本纯粹的课外读物,注重阅读的趣味性,活泼轻松,文图并茂,以陶冶儿童性情、开拓儿童视野为根本宗旨。进入新世纪,为了更好地贴近孩子、服务读者,《儿童故事画报》现为旬刊。每月三期。分上月故事版、中月百科趣味版、下月智力游艺版。

《幼儿智力开发画报》阅读人群是3～7岁幼儿,栏目丰富众多、科学合理,以全新的理念提高幼儿的智商、情商,全彩印刷,缤纷精美的制作给宝宝一个丰富的心灵世界,是家长、幼儿园老师的好助手。

《东方娃娃》杂志(适合3～7岁幼儿)坚持全球化的办刊理念,创办亚洲最优秀的幼儿杂志。选用杰出的作家、画家的原创佳作;与世界一流的出版机构进行合作;用"心"办刊,而不仅凭藉"大脑"的智慧与创意;每一期杂志出刊前必须经过孩子和妈妈的检验;采用优质纸张,严格保持上乘的印制质量。

另外,还有上海少儿出版社出版的《小朋友》、上海少年报社出版的《好儿童》等期刊杂志,适合大班幼儿阅读。

以上期刊杂志,家长可根据自己孩子的实际需求,每年选择订阅2~3种,订阅时把书刊名称、邮政代号写清楚就近到邮局订购。

101. 怎样奖励孩子

——要正确运用表扬与奖励

6岁的小红不爱劳动,爸爸妈妈为此大伤脑筋,一天两人拉住小红的手说:"小红要学乖,爸爸妈妈才喜欢你。每天扫一次地,我们给你1元钱。"小红高兴极了说:"好。"拿起扫帚扫得干干净净,父母也都很高兴小红讲卫生,且听话,是个乖宝宝,接着奖励了小红1元钱。可是睡觉前小红又把干净的地板扫了两遍,对爸爸妈妈说:"我又扫了两次,你还得再给我2元钱。"爸爸妈妈目瞪口呆了。他们没想到对孩子的奖励竟养成了孩子要钱的行为。

小芳今年也快6岁了,很不喜欢刷牙,一天妈妈领着他去幼儿园的时候,指着一个牙齿很洁白而且非常喜欢刷牙的小朋友说:"你看他的牙齿多洁白、多整齐啊,你要是每天都好好刷牙齿,你的牙齿也会像他那样洁白好看的啊!"小芳听了妈妈的话,非常羡慕那个有着洁白牙齿的小朋友,以后小芳肯认真刷牙了,这时妈妈连连称赞她说:"嗯,你的牙齿白了好多呢,好看得多了。"她听了妈妈的话后,心里也美滋滋地,下次洗脸时就喜欢刷牙了。妈妈的及时夸赞起到了很好的激励作用。

对于幼小的孩子来说,通过表扬、奖励能使幼儿明白自己的优点和长处,并使优点长处得到巩固和发扬,是说理教育更有效的一种辅助手段。一般地说,应该多表扬奖励、少惩罚。俗话说"数子十过,不如奖子一长",这是父母必须掌握的教子艺术,在家庭教育中,应多采用赞扬、奖励这类正强化,以便对孩子产生激励作用。例如,当发现孩子的一些优点时,父母可运用描述性赞扬,将看到的一切描述出来,如"我看到你一直在读书",使孩子能够了解到自己的行为;再如父母可以把自己的感受表达出来,如"当我看到你在读书时,我感到很高兴",使孩子能认识到自己的行为给别人带来的益处和快乐;或者家长可以用一句话或一分钟来肯定表扬孩子,如"你总是把事情做得很好",这样可以激励孩子把好的行为继续做下去。

但运用表扬和奖励时要注意适时和适度。如上述一例,家长的不良教育会使孩子们今后无论做什么事情首先就想到报酬,想到钱,显然不符合教育要求。要正确处理好物质奖励和精神奖励的关系。以精神奖励为主,两者适当结合。另外,不能

过分频繁地进行表扬或奖励。例如老师告诉家长,孩子在幼儿园表现良好,值日生做得主动认真,妈妈听后应用和蔼可亲的目光,对幼儿发出微笑、点头称赞"好"。并鼓励孩子还要做得更好。一周下来在幼儿园得了个五角星,星期天父母可带他去公园玩玩,或者看一场儿童电影。"六一"儿童节被评上了好孩子,可戴大红花,送些糖果。孩子在家帮妈妈劳动并做得很好,待劳动结束后,给他讲一个有趣的故事,或和他一块玩一次电马或电子游戏。孩子在幼儿园讲故事比赛得了一等奖,爸爸高兴地送他一本他喜欢的新图书,或带他去儿童乐园玩耍一次。切忌用纯粹的吃喝或金钱奖励孩子,那样会带来不良后果。

对不同性格的孩子,运用奖励的方式也应不同。如对胆子小能力差的幼儿只要有点滴进步也要大大地肯定与表扬,使其提高自信心;反之,对有自满情绪或能力较强幼儿运用表扬、奖励的方法则要有节制。因此,要想运用好表扬奖励的教育方法,使其发挥一定积极的作用,可以做到以下几点:一是要真诚。对孩子进行表扬,要出于真诚,不能为了表扬而表扬,只有建立在以事实为依据的基础上的发自内心的表扬才会产生感情的共鸣。那些言不由衷的表扬不仅不会产生激励的作用,相反还会使孩子产生反感和厌恶的负面影响。二是切合实际,恰如其分。要根据孩子的实际表现行为,进行实事求是的表扬、奖励,对孩子也是一种激励和评价,更有效地促进其良好行为的发展。而且要掌握好分寸,如果表扬言过其实,或过多过滥,就会使孩子产生"表扬得来全不费功夫"的错觉,直至不把表扬当回事;或者成天等着别人的表扬奖励,一旦哪天家长老师不小心忽略了孩子的"存在"时,孩子就会变得非常伤感,变得怅然若失。三是及时表扬,不宜拖久。孩子有了较大的进步,好的行为表现,家长应给予及时的鼓励、表扬,不要过了好久才想起来,这时事过境迁,孩子的进步没有得到及时肯定,表扬的效果必定减弱。因为孩子的年龄特点决定了他们情绪不稳定,波动大,容易动摇、反复。及时的表扬鼓励能对他们好的行为给予及时的强化,使孩子能向好的方面发展。四是以精神奖励为主,物质奖励为辅。物质奖励对孩子来说是可行的,可给孩子买玩具、书籍、食品、衣服等。但是最好以精神奖励为主,可激励他们在思想和行为上更大地进步,如可带孩子去动植物园、去游乐场、去旅行、看电影或小小庆祝一下,都是比较好的方法。在给予孩子物质奖励时,应注意这只是一种手段,而不是目的,应伴随说服教育,说明为什么奖励,哪些方面做得很好,好在哪里,今后应该怎么做,使孩子在得到物质奖励的同时能化为精神上的动力,争取更大的进步。

总之,表扬、奖励幼儿,应该不拘一格,因时因事而宜,以充分显示出表扬的真正魅力。在表扬、奖励过程中,要指出孩子不足之处和进一步的努力方向,使孩子看到自己的优缺点,在家长对其进步给以肯定奖励和评价时,让孩子得到精神上的满足,从而确立新的目标,充分调动孩子的积极性,不断进步。

102. 惩罚与批评的艺术

—— 正确运用惩罚手段

惩罚是一种教育手段，它不同于体罚。体罚是使用者意欲通过孩子皮肉受苦或心灵受损，以达到使之改过从善的目的所使用的一种手段，但实际效果恰恰与本意相悖，反而使孩子不明是非，更加逆反顽劣，甚至造成自卑恐惧、胆小懦弱、丧失主见等心理障碍。

惩罚则是在孩子有了过错，虽屡经暗示、提醒，甚至警告都无效果的情况下，配合使用的一种辅助教育方法。通常是在讲清原因以后，宣布取消一次机会或是消减某些权利，如停止一次游戏，少听一次故事，取消外出游览、做客、观看电影的计划，限制活动的范围；也可以表示生气不予理睬和亲昵等，形式多种多样，程度轻重不一。主要是造成一种严肃、压抑的环境气氛，使孩子经受一次不愉快的情绪体验，明白自己不良行为的严重性，从而能自觉地抑制不良行为的动机，以后不再有意干"坏"事。

做父母的对孩子的哪些行为要给予惩罚呢？有时孩子偶尔犯的小错可以不必太放在心上。如果孩子没有礼貌，那也可以慢慢地教导他，早晚会改善的。但是父母一定要及时纠正两种行为：一是危险性的行为，像玩火、玩刀枪、在马路上玩耍等等。二是一些侵犯他人的行为，如和别人打架、拿别人的东西，等等。教导孩子的方法有很多，有时需要借用惩罚来达到教育的目的。运用这一手段时需注意几点内容：

第一，有的时候父母会事先说一些惩罚的话来警告孩子，但是事后有没有得到落实，这也不是好的教导方法。比如说，妈妈告诉小惠玩完玩具后把它放进玩具箱里，否则第二天就不准她玩了。当小惠忘记把玩具放回玩具箱里时，做妈妈的隔天就要执行自己所说的话。做父母的在警告孩子之前，一定要先考虑清楚惩罚是不是合理？做得到吗？如何惩罚合理呢？这样父母才不会有"狠不下心"的问题。

第二，不要孩子每做错一件事就惩罚他一次。如果是这样的话，孩子一天也许会被惩罚上百次。吹毛求疵对父母或是孩子都不是很好。父母应该懂得可以不挑剔的时候就不要挑剔。

第三，根据孩子的年龄特点，惩罚要适时，最好不要在饭前饭后或睡前给予惩罚，惩罚的时间也不能过长，这些在提出惩罚之前都应该考虑周到。此外，惩罚要有分寸，父母的态度应是严肃而不是过于严厉，措辞应恰如其分，实事求是，不能过于夸张，夸张容易引起孩子的不服和反感。

第四，不要用嘲笑辱骂的方式来惩罚孩子。嘲笑辱骂的字眼会长久烙在孩子的心中,使孩子变得孤僻、易怒、彷徨和怀疑。要使他能从父母的态度、言语以及处理的过程中,意识到虽然父母对他行为不满,但也能体会到父母仍是关心和爱护他的,懂得之所以受惩罚完全是因为经过多次教育而自己不努力改正的缘故。在惩罚时除了向孩子交代清楚受罚的原因以外,要避免训斥,同时鼓励启发孩子自己寻找改正的方法,这是非常重要的。

第五,惩罚一定要合情合理。合理的惩罚有很多种,比如让孩子把弄脏的东西清理干净;把弄坏的东西修好;惩罚孩子做家务事;把孩子关在房间里静一静或是要孩子认识到自己的错误并道歉等。若孩子偷了商店里的玩具,就让孩子把东西送回去并且道歉;要是孩子耍脾气,哭闹不止,就让他一个人待在房间里直到恢复平静为止。

第六,父母在惩罚孩子以后,就让它成为历史,不要再提它。如果父母爱翻旧账,会引起孩子的极度不满和反感。惩罚毕竟是一种消极的辅助教育手段,必须慎而用之,非到万不得已时切忌随便使用,偶尔使用往往比动辄使用更能使孩子印象深刻而努力改过。一旦使用惩罚则要坚持到底,言出必行,绝不能看到孩子哀求的表现、可怜兮兮的态度,就心有不忍而半途而废,这样做等于取消惩罚,而且容易使孩子以此经验为例,以后遇到类似情况越加表现而不再思考如何改过。但是如果孩子确实真诚认识错误,并有改正的表现时,则应给予肯定,并接受孩子宽恕的请求,允其改正,取消或从轻惩罚。

我国有句成语"防微杜渐",父母应加强平时教育,做到教育在先,坚持积极正面引导,耐心说服,少用甚至不用惩罚手段,让孩子在宽松愉快的环境中活泼健康地成长。

103. 父母不应越俎代庖

—— 幼儿生活自理能力的培养不能忽视

在某大学里曾发生过这样一件事,学校领导到男学生宿舍检查卫生工作,发现在三号宿舍内,10张铺位中有9张铺杂乱无章,东西四处乱扔,惟有小高的床铺十分整洁,衣服折叠放好,图书有条有理放在书橱里,床底下几双鞋子干干净净排列整齐。同学们都夸奖他独立生活能力强,天天保持整洁,劳动习惯好。老师也反映其学业成绩好、身体也好,每学年都被评为"三好"学生。领导问小高怎么会养成如此好的生活自理能力的,小高笑着回答,这要感谢妈妈从小严格要求,"自己能做的事应当自己做",培养了其良好的生活自理能力。

从小高的事例可以看出从小教育孩子"自己的事自己做"对培养孩子独立生活能力和劳动习惯有着特殊的意义。这不仅关系着孩子入学后对待学习的态度,适应学校环境的能力,而且关系到以后,甚至一生中对待勤与懒、独立与依赖、奉献与索

取等一系列思想品德、行为习惯的正确态度,甚至良好性格的形成。

虽然有的家长认为动手为孩子收拾玩具远比花费大量的精力教会他"自己动手"要省事得多,家长要花大量的时间和精力才能使孩子学会自己收拾玩具、系鞋带和倒果汁,而家长给孩子的"帮助"也远比自己亲自动手干要复杂得多。然而,从长远来讲,一时的费事却免不了家长终生照料一个在年幼时从没有机会自己承担责任的孩子之累。这种孩子会把你视为侍候他的"仆人",而且也总是依赖于你。

作为家长,应该怎样培养孩子的动手能力呢?首先,鼓励孩子尝试。对于幼小的孩子来说,没有不喜欢自己做事情的,因为"做"是他们锻炼自己的机会,但是他们还太小,不能像大人一样把事情处理得很好,他们的独立动手能力还很弱,因此常常把事情弄糟。在这个时候,家长应该及时鼓励孩子,让他们再勇敢地试一试,如"你自己用筷子夹菜吃!"如果孩子把菜掉在桌子上,你不要责怪他,因为孩子的心灵总比桌子、饭菜重要。这对他们只不过是犯了一个小小的"可爱"的过失。这样的失误会随着孩子锻炼机会的增加自然就会避免了。

其次,不要越俎代庖。家长代替孩子做事情,不仅不会给他们带来幸福快乐,相反,他们会因失去自己做事情的机会而苦恼。孩子既尝不到成功的快乐,也体会不到失败的痛苦,他们品尝的是成人禁止他们做事情的悲伤和无奈,这对孩子的成长有百害而无一利。孩子们只有通过自己独立做事情,才能体验到各种感情,而这种感情与别人代替他们或强迫他们做时大不一样的。苏霍姆林斯基曾说:"童年时期的自我教育正是从了解自己开始的,这种自我了解是愉快的。一个5岁的小孩栽了一棵玫瑰,开出了一朵美丽的花,他不仅惊讶地观看自己双手劳动的成果,而且还观看自己本身:'难道这是我自己做成的吗?'这样,孩子在体验无与伦比的劳动乐趣的同时,还可以认识自己。"

第三,适当引导。指导孩子去克服困难,这种指导是为了使他们早日获得独立生活的能力。家长可以教孩子自己整理书桌,自己布置房间,经常锻炼着让孩子自己一个人睡觉。家长还可以教孩子管理经济费用,把零用钱存起来。总之,只要是孩子自己能够办的事情就要他自己去尝试。

当孩子初步学会自己干时,家长应随时检查、提醒、给予鼓励。如常用夸奖的语言,爱抚的动作如点头、微笑等形式肯定孩子的进步,提高孩子的上进心、自信心和自尊心,孩子变得越是能干,他就会越是充满自信。有了自信和良好的独立生活能力,孩子会变得更加坚强,在生活中更加朝气蓬勃,能够勇敢面对一切生活的挑战。慢慢地孩子学会了自己照顾自己,具备了自理能力,他就摆脱了成人的照顾,向自主迈出了一大步。

104. "饭来张口,衣来伸手"后患无穷

——让幼儿也承担一些家务劳动

青春发现自己的小袜子脏了,端上一盆水,取了肥皂,卷起了自己的袖子准备自己来洗一洗。妈妈看见了,忙问:"青青,你准备干什么?"青青说:"袜子脏了,我要洗袜子。"妈妈接过袜子说:"青青乖,袜子脏了待会儿妈妈会帮你洗的,你去玩积木吧。"奶奶在拣菜,明明看到了,马上拿来一把小椅子坐在奶奶旁边想帮奶奶拣菜。奶奶说:"明明真乖,菜很脏,拿在手上不卫生,你快进屋子看看图书去。"圆圆看见地上都是纸屑,忙从厨房间拿把扫帚想扫地。爸爸看见了,大声叫:"谁叫你扫地?边扫边吸会影响身体的,衣服上也会积满灰弄脏了,快去放好,等你们都出去玩了我再扫。"

在我们周围好多家庭里都会发生类似的情况。明明孩子很乐意做一些自己能做的事情,但家长却不让他们做。究其原因,首先,是目前很多家长普遍对独生子女比较溺爱、娇惯,只管孩子吃好、穿好,什么小事都不让他们做,因此孩子都比较怕艰苦。其次,有的家长认为,现在孩子年龄还小,不会做事不要紧,等长大了自己就会做的。殊不知良好的劳动习惯都是靠平时一点一滴积累的。而有的家长头脑中还有"怕麻烦"的错误思想,"孩子小洗双袜子要花20分钟,还不如我自己洗呢"。

人们经常感叹很多国外的孩子都有很强的自理能力,但自己在教育孩子时却百般呵护,生怕孩子吃一点苦,受一点累。最明显的地方表现在家务劳动上,据有关方面统计,各国小学生每日劳动时间差异很大:美国为1.2小时,韩国为0.7小时,法国为0.6小时,英国为0.5小时,中国仅仅0.2小时。可见中国的孩子是参加家务劳动非常少的孩子。很多中国家长都明确地对孩子说:"把家里的事情全包了,你只要好好学习,其他事情都不要管。"家长不让孩子干家务,本意是为孩子着想,生怕累着孩子,但是这些家长却没有考虑过,这样的教育难道不怕惯坏了孩子吗?

劳动是一个人最主要的品德,是幸福的源泉。我们应该从小对幼儿进行劳动教育,培养幼儿热爱劳动、热爱劳动人民、爱护劳动成果的思想品德,使幼儿养成初步的劳动习惯。这对他们今后能勤奋学习、会艰苦细致地工作起着很重要的作用。家长一定要努力克服各种不正确的思想,重视对幼儿劳动教育的培养,同时也要了解孩子有好动、好模仿的特点,只要正确引导,孩子会十分热爱劳动的。告诉孩子,他对家的帮助很大,如果孩子知道他的付出对整个家庭有益的话,他会更看重自己和被分配的任务。

全家人可以分工协作，将孩子做家务作为一种制度坚持下来。娇生惯养的孩子，可以先指定家务劳动日，先让孩子从双休日和假期开始，从比较简单的家务劳动开始，小到系鞋带、穿衣、扫地、擦桌子、拣菜剥豆、大到铺床叠被、饭前分发碗筷、饭后收拾饭桌、涮洗碗筷。学习洗毛巾手帕、打酱油买醋、取物送东西、浇花养蚕、饲养金鱼等。让孩子一点点体会到家务劳动的乐趣，逐渐培养起责任感。对孩子所做家务一定要多多鼓励，不能怕麻烦，更不要埋怨孩子做得不好。正因为孩子做不好，才更有必要让孩子多锻炼。不要老抱怨孩子"不当家不知柴米贵"，给孩子一次"当家"的机会吧！

在指导幼儿参加家务劳动中应注意：给孩子相当的自由把工作变得有趣，给他们一些施展自己能力的空间，而不是单纯地去干家务，如果孩子把纱窗拿下来放在自来水管上冲，而没有按父母的意思放在脸盆里洗，父母不要严厉阻止他的这一行为，也许会锻炼孩子的想象力和创造力。孩子做完家务活后家长要及时评估一下孩子的表现，如果他做得很好，请不要吝啬表达你的赞赏与鼓励，你对他的鼓励和肯定比付给孩子的钱更有价值。

105. 不应吓唬孩子

——克服幼儿的恐惧心理

小平晚上不肯睡觉，奶奶又是哄又是骗，还是没用，就说："看，屋子外面多黑，再不睡觉，老虎就要来咬你了。"边说边发出"呼呼"的声音，表示老虎快来了。小平吓得马上乖乖地钻进被窝，闭上了眼睛。奶奶不无得意地想："我这一手还真有用呢。"谁知，小平睡到半夜，突然大哭大吵地叫道："妈妈，老虎来了，老虎来咬我了。"许久也不能安静下来，原来小平听了奶奶的话后，做了个噩梦。

那么，小平的奶奶用这种吓唬的方法，来达到使孩子听话的目的到底有用吗？从表明看来，似乎是有效的，因为如同上述，小平起先久久不肯上床睡觉，后来听了奶奶的话立刻就睡了。但是一经分析，就可知这种方法不仅是错误的，起不到教育孩子的作用，而且还是相当有害的，对孩子的身心发展都会带来不利的影响。

吓唬孩子就是利用孩子纯真、胆小的弱点让孩子听话。可是这种教养方式是得不偿失的愚蠢行为，利用孩子的弱点来吓孩子，只会使孩子的心灵增加一道阴影，受到伤害，使孩子更加胆小、懦弱，并且打击孩子积极进取的探索精神，不利于孩子身心健康地发展。所以家长不应采取这种吓唬孩子使之听话的方法,应该想一些办法来克服孩子的害怕心理。

首先,父母应该充分了解一些孩子惧怕事物的心理特征,不但不能吓唬孩子,给孩子的心灵蒙上阴影,而且应该帮助孩子克服恐惧心理。如可以让孩子在生活中避开一些可怕的东西,像有狂风雷电、攻击性的动物、夜间走路、激烈的吵架场面等。在一些难以避免的场合下,要有大人在场,慢慢进行,先由大人自己独自接触,这些训练要在充分认识孩子的能力的基础上进行。有的家长强迫孩子与可怕的事物去接触来锻炼孩子的胆量只能使孩子更加胆小。

其次,父母要给孩子说清楚事物的本来面目,让孩子知道其实事物本身一点也不可怕。孩子对事物有了了解,在思想上就不会有负担,害怕心理就会减轻,并慢慢消除。此外,父母还可给孩子讲一些英雄人物形象的故事,增强孩子的勇气,坚强勇敢地面对一切事情,积极努力地去进取。

再次,父母可以教给孩子一些保护自己的办法,增强自我保护能力,多体验一下生活。父母可带孩子共同感受各种事物,随着生活经验的丰富,孩子会慢慢懂得事物的本质,减轻了恐惧心理负担,从而更能适应生活。

因此,从以上几方面看,父母对孩子采用吓唬的方法是不足取的,寻找克服幼儿心理恐惧的方法是不容懈怠的。

106. 不满足孩子的要求就闹怎么办

—— 如何对待幼儿的任性

在超市、商场里,我们不难看到这样的场面:

——孩子拉着大人的衣襟,嘴里不断地说:"给我买这个玩具吧,我要买嘛!"在孩子无休止的纠缠下,大人最终只好无奈地答应:"好好,买,行了吧?"孩子破涕为笑。

——孩子在其购物要求未能如愿时,无所顾忌地大哭大嚷,不肯离开,家长则在尴尬中或是勃然大怒、斥责孩子或是一走了之,孩子跟在父母后面仍然大哭大闹;或是强装笑脸,哄逗孩子,以各种许诺来使孩子终止哭闹。

当孩子达不到自己的要求时就又哭又闹,有的家长感到无奈,只得依从;还有的家长采取强硬的措施,置之不理或强烈批评。这些措施久而久之就会形成孩子的任性行为,将会对个人的身心健康成长产生严重影响。因此,当孩子提出不合理的要求时,家长应采取正面教育的方式,和孩子讲道理,如给孩子讲清楚这样做不对,为什么不对,应该怎么做才是对的,从而帮助孩子提高辨别是非的能力。这样孩子才会逐渐形成清晰的是非观念,采用正确的行为。父母在对孩子进行正确教育的过程中,可以采取一下有效做法以把孩子的任性问题灵巧地解决。

第一,事前说明法。在家长已经掌握自己孩子的任性行为规律后,可事先和孩子讲清楚,"约法三章",提早预防孩子的任性行为的发生。如带孩子到朋友家玩,就要先和孩子讲好:"到了阿姨家,不能没有礼貌地到处乱跑,吵到阿姨。否则就不带你去。"

第二,磨练法。有的时候,孩子被家长惯坏了,连穿衣服、穿鞋子都要父母帮助,当孩子遇到难题、困难时,家长不要立刻赶去帮忙,可以采取暂时不管,给孩子提供磨练的机会,让孩子自己去想办法处理解决难题、克服困难,从而锻炼孩子的自己动手能力、独立思考能力,增强孩子的意志和独立意识,发展良好品质,养成乐于助人、关心他人的好习惯。

第三,置之不理法。当孩子提出不合理的要求时,家长若不满足,这时孩子会哭闹不止,任性撒泼,已达到让父母"投降"的目的。家长可对其置之不理,不要急着去哄他、安慰他,让孩子"尽情"哭闹,当他明白这样做不管用时,家长再给予及时的说服教育。

第四,转移注意法。当孩子任性起来,非得要这个要那个,家长可设法把他的注意点转移到其他事物上,从而忘记那些不合理的要求。如带孩子逛超市时,孩子非吵着要买一个大玩具娃娃,但是家里已经有很多玩具娃娃了,这时你就可以说:"那边还有更好玩的吗?我们到那边去看看。"把孩子引开然后再和他讲道理,但是这需要一些时间和耐心。

第五,反向激励法。根据孩子的年龄特征,利用孩子的好胜心理,可激发他们的自信心去克服任性,如孩子生病了非常害怕吃药,说药太苦了。然后家长说"吃了药就不会生病了"之类的话,也许孩子任性就是不肯吃,那家长可换一种方式来说:"你不是最喜欢警察叔叔吗?警察叔叔最勇敢了,连坏人都不怕,吃药更不怕了。那你能做到和警察叔叔一样勇敢吗?"

第六,态度坚决法。一旦说:"不",就要坚持到底。家长的言行直接影响着孩子的选择。家长若是对孩子妥协,就要为此付出代价,纵容了孩子动辄就以哭闹进行要挟的坏脾气。因此,要避免在公共场所发生亲子之间的冲突,家长就应态度坚决,即使是孩子哭闹得再厉害,家长也应坚持自己的决定。在不得已的情形下,家长可以采用不理睬的态度,以此来向孩子表明自己的态度是不可改变的,使孩子放弃不合理的要求。

总之,家长应对孩子的任性行为进行耐心疏导,不可时而放松,时而抓紧,凭自己的冲动情绪来对待。家长对孩子提出的要求应该可以让孩子接受,并有信心地做到。当孩子感到家长的态度是坚决的,孩子的那种"我为主"、"满足我"、"我想要"的自我中心想法会慢慢消失并伴之以良好的教育。

107. 当幼儿拆坏玩具之后

——正确对待幼儿乱拆玩具的行为

在有些家庭里经常会发生这种情况,爸爸妈妈高高兴兴地给孩子买了新的玩具,但刚玩了两三天,就被孩子拆坏了,爸爸妈妈很生气地把孩子痛打了一顿,似乎还不消气,毕竟他花费了父母不少钱哩!这样对待孩子的"过失"实在是不妥当的,家长应好好了解孩子拆坏玩具的原因,然后有的放矢地进行正面教育,才能达到教育目的。如用谩骂或体罚的方法去解决,会给孩子的身心健康造成不良的影响。孩子为什么要拆坏玩具呢?

幼儿有时候会拆坏玩具,毁坏物品,在某些成人的眼里,认为孩子太捣乱,或者干脆叫"败家子"。其实,许多情况下,孩子的这种行为正是他们好奇心和探索行为的表现。比如,从前某家长因孩子拆坏自己家的钟表,而将其毒打一顿,教育家陶行知先生感叹道:"中国的爱迪生都让打没了。"孩子把闹钟拆开,是因为他们不明白闹钟里藏着什么东西会使指针走动,他们有时把花草拔起,是因为他们想知道埋在土里的花草会是什么样子的等等。因此,成人应正确对待幼儿的破坏行为,在肯定和鼓励孩子探索行为的基础上讲清道理,引导幼儿用其他方式探索。而对幼儿的故意破坏行为则要加以制止和教育。

父母要正确引导孩子的好奇心。家长是孩子的启蒙教育者,他们的一言一行都在影响着孩子。因此,家长对科学的关心和主动态度,都会极大地感染着孩子,促使其好奇心的产生和发展。相反,如果教师或家长对自然界万事万物表现得漠不关心或者恐惧逃避,幼儿的好奇心也会受到影响和抑制。长此以往,幼儿就无法对自然事物产生好奇和兴趣,他们对周围的事物漠不关心,一切都循规蹈矩,按部就班,更不用谈什么探索和创造,社会将如何进步?就像瓦特当年若对沸水掀起壶盖无动于衷,怎会有什么蒸汽机的产生?牛顿当年若对苹果从树上掉下熟视无睹,怎能产生万有引力定律?家长对孩子的好奇心应该非常关注,小心加以呵护、大胆予以肯定、积极主动培养!

幼儿对某个事物感兴趣,会产生很多疑问,有强烈的好奇心,父母应正确引导。有时孩子的提问会激起他们对家长的疑问,这时家长要正确对待孩子的提问。有些家长厌烦孩子的提问,看到孩子一会儿问东,一会儿问西,一会儿问这,一会儿问那,就没有了耐心,采取不理睬甚至嘲笑的态度。对孩子的提问说:"烦死了"、"连这都不懂"、"你真傻"。这就极大地伤害了孩子的自尊心。正确的态度应当是:当孩子向你提问时,你要有足够的耐心,并表现出对他们所谈的事物感兴趣,同时要肯定、鼓励他们的探索精神。

儿童求知欲强、好奇好动、对什么事都感兴趣,都想追根究底。这正是父母应该大力培养的一个方面,培养孩子的创造性和探索精神。发挥孩子积极主动性,开发孩子的创造性思维,对孩子的智力、身心发展都大有裨益。因此,家长遇到孩子拆坏玩具时,要了解原因,区别对待,决不能用粗暴简单的方法来处理问题,而应有的放矢地帮助和指导孩子应该怎样做,说清楚为什么只能这样做而不能那样做的道理,孩子的行为也就会越来越正确了。

108. 开展家庭亲子游戏好处多

——家庭亲子游戏的作用

亲子游戏是发生在父母和孩子之间的一种特殊的活动,通过父母与孩子亲密地接触,让孩子主导活动的进程,使孩子感到有趣、快乐,在轻松愉快的氛围中发展身心。游戏是孩子学习的最佳方式,孩子在游戏的环境中快乐活泼地成长。亲子游戏是家庭内成人与儿童交往的重要方式,也是儿童游戏的一种重要形式。亲子游戏不仅有益于家长与孩子之间的情感交流,密切亲子关系,还有益于儿童各方面的发展。而且,儿童会把在亲子游戏中获得的对待物体的态度、方式、方法以及人际交往中的态度、方式、方法迁移到自己的现实生活中去。

家庭中开展亲子游戏具有哪些特点和意义呢?

第一,亲子游戏有益于家长与孩子之间的情感交流,密切亲子关系。家长在家里利用休闲时间,与孩子在一起玩耍,让孩子生活在轻松愉快、无拘无束的氛围中,可以增强亲子间的亲近感和亲密性,自然而然地流露着骨肉亲情。那种由于亲子交往和沟通不畅所造成的淡漠、紧张关系,就会得到缓解和消除。多对话,多提问,多交流,使气氛变得和谐活泼一些,孩子就不会与其父母保持"距离",而是在情感和认知等诸多方面获得大丰收。

第二,促进幼儿智力发展。父母不仅是孩子的玩伴,还是孩子的保护者、教育者。在和孩子的游戏中,自觉或不自觉地会"寓教于游戏之中",用自己的知识、经验、想法去影响孩子,使孩子获得丰富的知识、经验和技能。如和孩子一起拼图、搭积木等,父母会指导孩子游戏的技巧。在"跑与追"的游戏中,当成人觉察到活动量过大或跑得过快时,会调整速度或改变游戏方式,以适应儿童的体力和兴奋性。

第三,促进幼儿语言表达能力的提高。在亲子游戏过程中父母和孩子有大量的言语交流,如交代游戏规则、游戏的玩法、要求,游戏中的对话,游戏结束后的评价等等,父母的语言成了幼儿模仿的对象,父母对孩子不正确的语言也会及时纠正,因此亲子游戏有助于儿童语言表达能力的发展。

第四,有助于亲子间安全依恋的形成和良好个性的形成。安全依恋与游戏过程中获得的快乐体验,有助于儿童对人际交往的兴趣的形成与发展,有助于儿童活泼、开朗的性格的形成。

家庭中可以开展的亲子游戏多种多样,主要可以分为三类:

第一类是运动游戏,父母可以在孩子很小的时候玩这种游戏,如举着1岁的孩子在天上"开飞机",和2岁的孩子一起学"小马跑步"、"小猫咪咪叫",和3岁的孩子玩打弹子、扔沙包、藏猫猫、追和跑等,这类游戏以触觉肢体运动为中心,既可锻炼身体,又有利于父母与孩子情感上的交流和情绪上快乐的满足,带有浓厚的"亲情"性质。

第二类是角色游戏,是3~5岁或6岁孩子最喜欢的游戏。如父母和孩子一起玩"医院"的游戏,孩子当"医生",爸爸当"病人",妈妈当"护士"。"医生"热心地给"病人"看病,"护士"在一旁协助。这类游戏通过扮演角色,以模仿和想象来创造性地反映周围现实生活,并激发孩子的想象力和思维的提升。

第三类是规则游戏,父母可与年龄较大的孩子进行这类游戏,因为这类游戏需要运用各种不同的规则来进行,规则是必需的。例如,

父母和孩子在游戏中,应当民主、平等地对待孩子。不能由家长单方面说了算,而应该多尊重幼儿的需要和兴趣。在游戏中还应注意培养与鼓励幼儿的创造性与独立性,不要望子成龙心切,体罚与责骂孩子;也不要处处越俎代庖,代替幼儿游戏,代替孩子动脑筋、想办法来克服困难和解决问题,否则会养成孩子离开大人不会玩的依赖态度与习惯。在开展亲子游戏的同时,鼓励与支持孩子的独立游戏和与伙伴的交往与合作游戏,培养幼儿独立游戏和与伙伴交往和合作游戏的兴趣和能力。家长要引导孩子养成良好的游戏习惯,遵守游戏规则,不要赖;玩具要有固定的存放地方,玩完了要让孩子自己收拾好,物归原处;安排合理的游戏时间,不能没完没了地玩,更不能因为玩而影响吃饭和睡觉。

109. 不要溺爱独生子女

—— 怎样对待独生子女的问题

如今独生子女家庭越来越多,一个家庭只有一个孩子,很自然地,全家人把希望都寄托在这一个孩子身上,因而把所有的爱都给了这个孩子,不管是物质的还是精神的。这对孩子的影响作用不是绝对的,就是说,可能是积极的,也可能是消极的。

积极的影响是独生子女在家庭里受到父母的关注和教育有先天优越性。因为只有一个孩子,父母把全部的精力都放在孩子身上,没有其他孩子与他分享父母的关注。再者,独生子女在心理上有充分的依靠。因为如果在多子女家庭中,当更小

的孩子降生后,父母往往给予更多的关注,这样大一点的哥哥姐姐就会受到冷落,产生心理上的失落感;而独生子女是父母的唯一,父母可以做孩子坚实的后盾和保护者。此外,独生子女家庭的物质条件要好一点,负担轻,在生活上更关心、体贴孩子,照顾更周到,肯为开发孩子智力进行投资等等。消极的影响是正因为独生子女没有兄弟姐妹,没有共同成长的经历,他们会感到孤单的。更重要的一点是由于父母对独生子女太重视,没掌握好分寸以至出现溺爱孩子的现象,而溺爱会使孩子养成不好的习惯,如什么事情都要找父母帮忙做,自己不管不问。这样会严重影响孩子的身心全面发展。

因此,家长应重视独生子女的教育问题,尤其是从小就应对他们正确实施教育。首先,父母应该把孩子摆在正确的位置上。在独生子女家庭里,孩子的地位极高,家长往往视他们为"小皇帝"、"小公主",一家人众星捧月。其实这样做,这些"小皇帝"、"小公主"将来到社会上也难以适应生活。他在家庭里是"特等公民",家长可以容忍他,但是社会不是家庭。那他这种在家庭滋长起来的"特殊"思想也许会使他们胡作非为,做出不良的行为。因此,为了使独生子女健康地成长,家长应先把孩子摆在一个正确的位置上,实事求是地认识自己的价值、地位和权利,认识自己的责任和义务,坚持正确的行为准则,形成良好的行为习惯。这样他们走上社会时,找好自己的位置,对社会、人生、生活有更明确的态度和目标。

其次,父母应全面地关心独生子女的身心发展。在独生子女家庭里,父母往往忽视子女的身心发展规律,在关爱孩子时,会出现一些偏差,使孩子没有得到全面的协调的发展,这对独生子女来说是不利的。因此,家长应全方位爱护子女,加强子女的身体健康,多参加户外活动,不能总把孩子关在屋子里,像对待温室里的花朵一样,生怕受到一点伤害。在满足孩子物质需求的基础上,多满足孩子的精神需要。注重孩子智力的开发、学习的兴趣、思想品德的培养等等。还有比较重要的是注重培养独生子女的自立意识,发展孩子的自立能力。父母要明白,孩子不能老溺爱,他终究要走上社会,孩子有了自立能力,对以后的发展有很大的帮助。

再次,父母对独生子女的期望值不要太高,要实事求是。独生子女家庭里只有一个孩子,因此父母的全部希望都寄托在这个孩子身上,因此期望值就高。往往对孩子提出一些不切实际的要求,无形中给孩子很多压力,但是父母有些过高的要求,孩子费了九牛二虎之力也难以达到,这不仅给孩子的精神带来负担,而且也使孩子的体力感到疲劳不堪,可以说是得不偿失。因此,要使孩子健康地成长,父母应实事求是地有针对性地要求孩子,符合孩子的实际能力。

学前儿童心理与教育120问

110. 在"做"中学

——让幼儿用灵巧的双手变废为宝

玩具是孩子快乐的伙伴,亲密的朋友。没有一个孩子不喜欢玩具,正像没有一个孩子不喜欢游戏一样。如果孩子得到一个布娃娃,他就会自然而然地开展游戏:替它洗脸、喂它吃饭、抱它出去玩等等。玩具是孩子游戏的材料,也是他们展开想象的物质基础。替孩子买些现成的玩具固然必要,但并不只有价格昂贵的玩具才能给孩子带来喜悦,因为它们的造型太逼真了,又有固定的玩法,往往限制了孩子的想象,所以他们常常只玩了几天就感到不满足了。家长如果能从生活中就地取材,利用一些废旧材料,教孩子动手自制玩具,不仅能丰富孩子游戏的材料,且能发展想象力和动手操作的能力,使他们变得心灵手巧。因为这些玩具是孩子自己动手制作的,他们会因为看到自己的成功而感到喜悦和自豪,并对它们倍加爱惜。在这个过程中,又可以培养孩子对美工活动的兴趣和初步的艺术造型的能力,真是一举而数得。

起初,家长可自己先制作几个玩具,以引起孩子对自制玩具的兴趣。如:送给孩子一个用乒乓球制作的小猫,告诉孩子这是爸爸(或妈妈)自己做的,使他感到惊奇,并让他判断这是用什么东西做成的。然后,再请孩子做小助手,和家长一起做个小鸭子,孩子就会兴致勃勃地和家长一起制作玩具了。以后,家长可和孩子一起搜集废旧材料,或有意提供一些材料,如:废纸盒、废瓶子、瓶盖、乒乓球、蛋壳等,诱导孩子自己想象、制作玩具。对孩子制作的玩具,要求不要太高,只要有点像,就应加以鼓励,并具体指导他怎样做得更像些,当孩子能做成一个光洁、漂亮的玩具时,他们会把它看得比什么玩具都珍贵而爱不释手,自制玩具会给孩子带来无穷的乐趣。

现介绍几种用废旧材料制作的玩具:

(1) 利用一些生活中常见的、大小不一、高矮不同、粗细不同的废旧纸盒,让幼儿制作出自己喜欢的作品。

废纸箱做"房子"。

材料:废旧的冰箱或洗衣机纸箱,各色彩纸或旧图书。

做法:家长帮助孩子在纸箱上开好门、窗,请孩子用各色彩纸(也可以用旧图书)剪成各种图形粘贴在纸箱上进行装饰,美丽的小房子做成后,孩子就可以钻进钻出自由游戏了(见图1)。

废纸盒做玩具。

材料：各种大小的废纸盒、蜡光纸、彩色水笔(或蜡笔)。

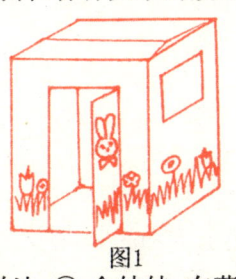
图1

图2

图3

图3

做法：① 盒娃娃：在药盒一面三分之一处糊上白纸，画上眼睛、嘴作脸，再在顶部和另外三面糊上黑纸作头发，另取彩色纸，任意剪成各式服装，粘贴在头部以下三分之二的位置上，盒娃娃即成(见图2)。

② 电冰箱：取两只能从面上打开的纸盒，糊上彩纸后如图粘在一起，将能打开的一面做门，取以长条纸折粘在门上做把手即成(见图3)。

③ 电视机：在扁形纸盒上剪去一长方形作屏幕，在上下两面各戳两个洞，插入两根圆筷，另取一长条纸(略窄于纸盒高度)，按屏幕大小粘贴好各种画面(可从旧图书中剪下，也可由孩子自己画)，将长条纸的两头卷粘在圆筷上，旋转圆筷，就会变换画面了(见图4)。

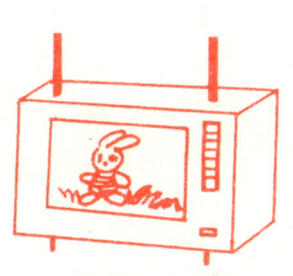
图4

图5

图6

④ 机器人：取放丸药的方形小纸盒做头，长方形纸盒做身体，再取滴鼻药水或眼药膏盒做手和脚，脚可粘在身体下端，两只手和头可用细铅丝连接，机器人即成(见图5)。

(2) 利用一些用过了的蛋壳制作玩具。

材料：鸡(或鸭)蛋壳、瓶盖、颜料、铅画纸。

做法：① 蛋娃娃：在蛋的一头戳个洞，倒出蛋清和蛋黄后，灌水清洗、擦干，在蛋壳上画上脸谱或胖娃娃，将蛋壳搁在瓶盖上即成(见图6)。

② 花瓶：在洗净的蛋壳上用颜料画上孩子喜欢的图案，搁瓶盖上，再在壳里盛

少许水,插上小花小草即成(见图7)。

③ 小兔、肥猪:在蛋壳有洞的一头糊上纸做的尾巴,再剪好耳朵(猪还要取一牙膏管的盖子,用白胶粘在头前作翘鼻子),粘在头上,画上眼睛即成(见图8)。

(3) 利用乒乓球制作小动物。

材料:乒乓球、铅丝、颜料、绉纸。

做法:① 小猫:取一乒乓球做猫头,剪半个乒乓球做猫身体,另剪两片小三角形,在猫头上划开两道口子,将三角形插入,耳朵即成。取两段铅丝,卷上绉纸,插进头和身体中连接(连接处可用些橡皮泥固定),再装上尾巴即成(见图9左)。

② 小鸭:取一乒乓球做头,剪半个乒乓球做鸭身体,另剪嘴和翅膀,插入适当位置,用铅丝裹上绉纸插入头和身体中连接,画上眼睛即成(见图9右)。

(4) 利用废纸折成各种各样的形状。

折纸的方法有很多,有对边折、对角折、四角向中心折、双正方折、双三角折、反复折和组合折等。介绍几种具体的折法:

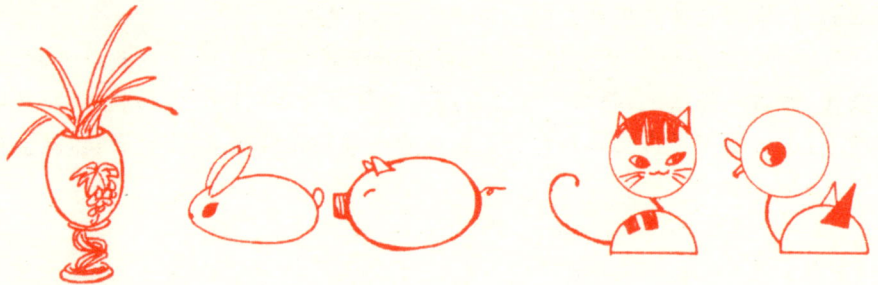

图7　　　　　　图8　　　　　　　　图9

折牵牛花——双正方折,将正方形纸对角折成三角形,再反复一次,把两个小三角形分别从中间撑开,折成双正方形。

折"孔雀"——集中一角折,将正方形或长方形纸相邻的两角沿夹角相向对折。

折"衣服"——四角向中心折,将正方形纸的四角,对准纸的中心折叠。

折"飞机"——组合折,将若干张大小相同或不同的纸,分别折出所需部分,再组装成整体。

家长在教孩子折纸前,自己可以先预备一个成品供孩子玩耍,以引起孩子的折纸兴趣。教的时候,家长注意要慢一点,让孩子看清楚。也可以和孩子一起折,共同来享受折纸的乐趣。

(5) 动听的故事,生动曲折的情节可以丰富幼儿的想象,例如欣赏了一个好听的故事《聪明的乌龟》后,父母可以启发幼儿用核桃壳来制作故事内容。可以把核桃壳剖成两半,用一半来做乌龟的身体,用橡皮泥来做头、四只脚和尾巴。也可以把一半核桃壳压在纸上印出外轮廓,再画出乌龟的头、足、尾巴,然后将画好的图样剪下,粘在核桃壳上。

111. 让孩子亲近大自然

——家庭中自然环境教育

如今城里的孩子们离大自然越来越远了,平日里家长上班他们上幼儿园;双休日他们则被送往各种音乐、绘画、书法训练班,回来路上顺便逛逛商店,或去肯德基、麦当劳等各种餐厅,在五光十色的现代文明中享受一番;假日里去一次公园或动物园,浏览一下精致的人文景观,算是父母工作之余忙里偷闲对孩子的最好"赏赐"。什么是真正的大自然,那鸟语花香的树林、一望无际的田野、碧波荡漾的湖泊、错落有致的山丘以及展翅翱翔的小鸟,鸡鸣犬吠的村庄,各种可爱的家禽、家畜等都远离了孩子的生活,甚至有的孩子长到十几岁还从未见过老母猪是什么样子。可以说在喧嚣的城市长大的孩子,对于什么是真正的大自然,他们没有任何鲜明的印记。

自然环境中的山山水水都是幼儿进行体育锻炼的良好条件。幼儿成天在室内身体得不到锻炼,只有在户外活动,呼吸新鲜空气,爬爬山,做做运动,才能使身体得到健康发展。大家都有一种感觉,身居闹市的成人,天天三点一线,周而复始,身体也会疲劳,身心也会烦躁。现代城市人提出了"回归大自然",特别是双休日、节假日,一家人奔向乡村田野领略无限风光,身心压力得到充分释放,快感不言而喻。因此,在家庭教育中,家长要充分利用自然环境带领幼儿去观察、散步、游戏、劳动,既满足了幼儿的多种需要,又使幼儿的身体得到了健康发展。

同时大自然是幼儿最初获取知识的丰富源泉,自然环境中的万事万物直观具体,使幼儿在接触中懂得了这是什么,那是什么,一年四季应多带幼儿走出去,提高幼儿的认识辨别能力,锻炼幼儿感、知觉,发展幼儿思维。自然环境中的事物都是千丝万缕相互联系的,当幼儿通过第一步的观察进入第二步了解其内在关系时,幼儿的思维也就得到了发展。

多带孩子走进大自然,美丽的大自然给人类增添了丰富多彩的生活,同时它也是诱发孩子智力开发的外部刺激。这种画境式的环境刺激对儿童的智力开发具有很强的推动作用,有助于培养孩子的观察力、想象力与探索兴趣。因此,家长应经常带孩子走进大自然,引导孩子观察花鸟虫鱼,了解动植物的生长与变化,欣赏大自然美景,探索大自然的奥秘。这些都是培养孩子的创新意识的基础。

自然环境中的色彩、声响、形态、芳香,都是实实在在的,如蔚蓝的天空,变化多端的云彩,青青的绿草,鲜艳的花朵,丰硕的果园,苗壮的庄稼,壮丽的山河以及鸟儿

的歌唱等等,这一些都对幼儿产生巨大的感染力,使幼儿感受什么是美,使情操得到陶冶,审美能力得到培养。

此外,自然环境对幼儿的教育不仅能够使其获得更高的知识,重要的是使幼儿产生情绪体验,触动幼儿的情感世界,为幼儿道德观念的形成奠定基础,使幼儿形成良好的品德。

在大自然这个大课堂里,能给孩子奠定一个富有活力的人生基础,让他成长为一个富有自然修养的人。同时,孩子的德智体美劳等各方面都得到健康、和谐的发展。

第六篇　人文艺术篇

112. 让孩子尽情地表演

——谈儿童戏剧及其对孩子成长的促进作用

儿童剧是根据儿童特点、要求而创作的剧本，儿童戏剧是由儿童亲自参与演出的、主要观众是孩子的戏剧。

作为儿童戏剧，与一般的成人戏剧虽然也有一些相似之处，但更重要的是儿童戏剧具有其独特的特点。如儿童戏剧的演出者是孩子，与观众在年龄上相近，更容易为孩子所接受；儿童戏剧往往与孩子的日常生活相联系，给孩子们展示了社会生活真实性，但这种真实是发展的真实，上升的真实、光明的真实，能引起孩子的兴趣，愿意从戏剧中了解生活、了解人生；儿童戏剧通常节奏明快、欢乐，即使是揭露、批判罪恶和丑陋的东西，也应该让孩子们看到它的滑稽、荒唐、可笑，从而使儿童增强对未来的希望和信心。

好的儿童戏剧既能愉悦孩子的心灵，陶冶孩子的性情，又能寄寓思想认识和道德教育的内容，使对孩子的认识和教育作用产生于耳濡目染的艺术享受之中。

美国学者艾林纳·蔡斯·约克曾对创造性戏剧带给儿童的作用进行了总结，具体包括创造性、敏感性、流畅性、灵活性、想象力、情绪稳定性、社会合作能力、道德态度、身体平衡协调能力以及交流能力。

其实，我们不妨试想一下，孩子在一个儿童戏剧中，从了解故事、扮演故事、记忆情节的发展和动作到制作服装、道具和布景、背景音乐、舞蹈编排，最后在朋友们面前演出。所有这些过程中，孩子需要些什么能力呢？能获得什么样的发展呢？

从整个过程中，其实我们不难发现，要完成这样一个戏剧表演，孩子不但需要良好的记忆和流畅的语言表达，而且还要有足够的自信心，并且还要能够站在他人角度想问题，学会与人合作，学会用肢体表达思想。

所以，参加这样的活动，孩子的成长是可见的，具体可从以下几方面来看：

一是训练了孩子的记忆能力和表达能力。对故事的理解、记忆故事内容、通过语言、动作表演再现故事，这些都需要孩子的记忆能力和表达能力，反之，也训练了孩子的记忆能力和表达能力。

二是学会与人合作。在整个戏剧准备和表演过程当中,孩子需要与其他人一起商量应该怎么操作,一起商量怎么解决在戏剧准备和表演过程中遇到的问题,一起协作表演,在这个过程中,孩子逐渐学会了与人合作。

三是丰富了孩子的经验、发展了孩子情感。在戏剧准备和表演过程中,孩子需要在戏剧扮演中尝试各种解决办法,这样会促使孩子在演戏中思考人与人、人与社会、人与自然的各种关系和问题,从而丰富了儿童的各种经验。另外,在创造性戏剧活动中,孩子要把自己完全放置到某一个角色上,自由地表达自己内心深处的思想、感受,这样使得孩子自身的情感得到了充分的发展。

四是培养了孩子的戏剧艺术的审美能力。在整个戏剧准备和表演过程当中,孩子自己能感知戏剧本身的魅力和优美,从而提升了孩子的艺术审美能力。

总之,儿童戏剧对孩子的影响是终身性的,家长们也可以在家庭中进行这样的自编自演的儿童戏剧表演,在一系列准备过程中,家长定会像发现新大陆一样,发现孩子的智能优势。而且,通过大人与孩子的共同表演和游戏,亲子之间能很好地享受亲情的温馨,从而促进亲子关系的良好发展。

113. 音乐的妙用

—— 让幼儿从小接受音乐的熏陶

音乐是"声音的艺术",它通过7个音符组成的千变万化、绚丽多彩的声音,生动形象地反映现实生活、表达人们的思想感情。音乐的感染力是非常巨大的,它非凡的魔力,可以使人安静,也可以使人发奋,可以给你带来无比的喜悦,也可以使你潸然泪下。音乐能潜移默化地陶冶幼儿的性情,使他们保持良好的情绪,还能有力地促进他们智力的发展。

法国大文豪雨果曾说过,开启人类知识宝库有三把钥匙:数学、文学、音乐。很多著名的作家、科学家从小都非常喜欢音乐,有很好的音乐素养,音乐成了开启他们早期智慧的钥匙。对幼儿来说,听音乐可以使他们注意力集中,还有利于发展听觉能力、记忆力、想象力、思维力,以及音乐的感觉力和审美能力。同时,给孩子听音乐,不但能刺激孩子的听觉器官,促进大脑的发育,而且能使他们体内血液中分泌出一种有益于健康的化学物质。因此,在家中要创设条件,经常给孩子听一些优美、健康的音乐,声乐、器乐曲都可以听。如:吃饭时,听一些舒展、优美的轻音乐,使孩子在愉快的情绪中进餐,吃得香甜;游戏、休息时听听轻快、活泼的音乐,使他们保持良好的情绪状态,感到轻松、欢快;睡觉时听听节奏缓慢的摇篮曲,使他们在柔和的音乐声中安然入睡。只要在生活中经常给孩子听音乐,久而久之,就可以熏陶出一副

"音乐的耳朵",使他们逐渐体会到音乐所表现的情感和内涵,提高对音乐的感受力,培养起对音乐的兴趣。

对5~6岁的孩子,在给他们听音乐时,家长可有意引导他们想象,让他们边听边想象出音乐所表现的意境:听到鸟叫声,想象出大森林中各种鸟儿在进行唱歌比赛的情景;听到电闪雷鸣声,想象那顶风冒雨奋力拼搏的力量;听到欢快的舞曲,想象欢歌狂舞的热闹场面等等。让孩子沉浸在音乐和想象的意境中,变得思维更敏捷、流畅和变通。

但给孩子听音乐,家长应有所选择,音乐出版社出版的小朋友轻音乐集锦等是经过精心编录的给孩子们听赏的好材料,另外,有些世界名曲,如:《四小天鹅舞曲》、《蓝色的多瑙河圆舞曲》、《动物狂欢节》等也完全可以给幼儿欣赏。但播放音乐时,音量不要开得太大,以免影响孩子听力。那些格调低下、节奏狂乱的音乐和表现爱情的歌曲等,会给孩子带来不良的思想影响,有的还会使他们情绪烦躁不安,都不宜选择。

此外,如能在家里举办家庭音乐会,父母和孩子一起听音乐,或合着音乐节奏打击小乐器,进行歌舞表演等,那又会增添很多乐趣。

总之,家庭中如能为孩子创设一个良好的音乐环境,不但能促进孩子身心健康愉快地成长,而且为孩子形成良好的音乐素养创造了条件,使他们将来的生活变得更充实、更美好。

114. 让孩子自由地画吧

——从儿童画看儿童心理及儿童的发展

班级里,小芝妈妈又在给教师抱怨,说小芝画画完全不像,都不知道画了些什么,让人头疼。说着还拿出了一幅画,画上画了一只小猫,可是这只小猫却有着比松鼠尾巴还大的一条毛绒绒的大尾巴。小芝妈妈说:"我对小芝说,这样是不对的,小猫没有这样大的尾巴。"教师笑了笑,让小芝妈妈先不要着急,她会问问小芝的。小芝给教师的答案是:"这样子小猫冬天就不会冷了,它可以用尾巴当棉被。"多么善良而又富有创造力和想象力的孩子!小芝的回答让教师感到了一方面家长对儿童画的误解和错误指导,另一方面家长却放弃从儿童画这种方式去了解孩子,而感叹了解自己的孩子这两个问题之间的矛盾。

其实,儿童的绘画是幼儿表现内心世界的载体,是幼儿表达情感的特殊语言,倾听这种语言,是家长了解幼儿、帮助幼儿发展的途径之一。因此,通过解读幼儿的图画,我们可以了解幼儿真实的内心世界。儿童教育家陈鹤琴曾说:"绘画是语言的先导,表示美感的良器。要知儿童心理,不可不研究儿童的绘画。"

1982年,美国心理学家艾伦·温诺在《创造的世界——艺术心理学》一书中将儿童的绘画能力发展划分为五个阶段:

① 涂鸦阶段——2岁左右。这一时期的儿童开始在纸上胡涂乱画,描绘时虽然很专心,但是不能注意颜色。

② 处于表现阶段前的图案——4岁左右。儿童绘画时开始注意利用纸边所划定的空间,画面上经常出现圆形、椭圆形、正方形、矩形、三角形、十字形和X形。

③ 再现的出现——6岁左右。儿童绘画时先宣布他们的作画意图,而结果则是一个虽与真实相差甚远,却可以辨认的人像描绘;使用颜色不是从左到右就是从右到左,色彩不真实,如人画成紫色,草地画成红色,太阳则画成绿色。

④ 童年中期的绘画——8岁左右。这一时期儿童画的显著特征是,结构形式已经变得更加复杂多样,另一显著特征是画的空间结构变得更加紧凑,出现了在基线上作画的现象。

⑤ 写实的追求——10岁以后。从艾伦·温诺的论述中我们可以发现,孩子绘画是有其特定的发展阶段和不同阶段特点的。家长可以从孩子的画中了解目前自己的孩子的绘画水平处于一个什么样的阶段上,可以从以下几个方面来判断。

(1) 从孩子绘画中了解孩子的能力发展水平。

在幼儿图画中,我们可以看出孩子对生活和周围环境的独特观察感受,看出孩子观察力、想象力、创造力的发展。观察和想象力强的孩子往往在绘画中表现出别人没有发现的东西,表现出别人没有想到的内容。而想象力丰富、有创造力的孩子作品内容是有一定主题和情节的。如有的孩子还将学过的文学作品用图画出来,如小蝌蚪找妈妈、金鸡冠的公鸡等。孩子由于喜欢这些有趣的故事,……创作,以孩子的眼光诠释对文学作品的理解,当他兴致勃勃地说起……的丰富想象和大胆创造比起那些中规中矩的模仿画来更为可……

……孩子的生活经历和知识经验。……身边的事,也可能是与自己不相干的,既可能是现在经

历,也可以是以往经验。而与成人美术不同的幼儿绘画,则主要是反映他们周围生活环境中的经历和经验。幼儿日常看到的、听到的、亲自经历过的以及孩子脑中想象的奇怪事物,都是幼儿绘画的内容。

（3）从孩子绘画中了解孩子的内心情感与需求,侧面了解孩子的心理健康状况。

当儿童还不能用语言准确地描述自己的心里情感时,绘画成为儿童表达自己的一个重要途径。关注孩子绘画和心情的家长会注意到,如果孩子难受伤心了,在他的绘画中的小动物或人物的颜色会发生变化,以灰、黑等暗色调为主,而当孩子开心了,他绘画中的色调又将明快起来。真正的儿童画应该是无拘无束的,应该是让幼儿抒发情感、缓解紧张、促进身心健康的途径。例如小惠曾经画了一幅这样的画:一只小兔怒气冲冲,嘴巴都气歪了,另一只小兔流下伤心的泪。这是孩子作画时情绪的真实写照,正是通过在图画中的宣泄使儿童的心理得以平衡。另一方面,家长可以通过儿童的绘画来了解儿童的心理健康状况,心理健康状况良好的幼儿图画作品天真烂漫、构图饱满、色彩明快。而只要我们用心观察,幼儿的一些心理行为问题在图画中也时有反应。由医生指出,患有自闭症的孩子喜欢画重复的东西,如不断的画圆和迷宫等。如果幼儿的图画中充满各种东西惟独缺少人物,或者他们的图画中折射出暴力血腥倾向时,父母和教师就要密切关注,到底孩子出了什么问题,要调整教育方式或及时采用有效措施进行干预。

115. 弹琴、画画越早越好吗

—— 谈幼儿的艺术早期定向培养

蓉蓉今年6岁了。她是家中的独生女儿,是父母的"掌上明珠"。父母为了"望女成凤",不惜一切花了高价买了一架钢琴,专门请了位钢琴教师加以个别辅导。希望蓉蓉长大后成为一名出色的钢琴家,为全家争光,因全家还没出现过音乐人才。每天晚上不许蓉蓉看电视、做游戏,由妈妈陪着她,严厉要求非要练习2个小时钢琴才能睡觉。但蓉蓉却喜欢画图、看小人书,对弹琴一无兴趣,钢琴教师也发现她听音乐的能力较差,对音乐节奏感接受方面也很欠缺,学习上有很大阻力,但父母却不顾及这些,天天死抓不放。因此,蓉蓉不时装病躺下弹不了,有时乘机躲到邻居家玩了,情绪也一天天变坏,身体也消瘦了。终于有一天,她乘父母不在家时,用一把小榔头狠狠地把每个琴键都敲坏了,琴声再也发不出来了,她高高兴兴地跑到邻居家玩了。妈妈发现后,追查了原因,气得狠狠地揍了她一顿。"教女成才"终成泡影。

学前儿童心理与教育120问

不少家长像蓉蓉父母一样,总认为教育孩子主要是开发智力,不顾孩子自身的兴趣、不了解孩子的个性特点,搞早期定向培养,忽视情感、意志、个性品质的培养,特别是不重视品德教育,用这样的教育思想去培育新一代的幼苗,又怎么能培养出德才兼备、身体健康、能从事社会主义现代化建设的、适应未来需要的人才?

科学研究证明搞好早期教育是十分重要的。但重视早期教育并不是单纯灌输知识,而应该是全面发展儿童的智力才能。首先要十分重视孩子的健康。要保证营养,让孩子吃饱吃好,多开展户外活动和体育锻炼,多呼吸新鲜空气,多接触阳光,促进新陈代谢,增强抵抗力。幼儿期身体基础好能为长大后的良好体质打下基础。同时身体是否健康又直接影响到孩子的智力的发展。其次应丰富幼儿粗浅的知识,发展幼儿的智力。要创设条件开阔幼儿的眼界,发展幼儿的观察力和思维能力等。家长对孩子学习的要求切不可太高、太急、太难,孩子接受不了反而会影响学习的积极性。当然,还要重视品德教育,培养良好的道德品质和行为习惯。幼儿期是个性形成的重要时期,从小的品德教育影响到一个人一生的生活道路,也关系着才能的发挥和事业的成就。

心理学家们发现2~5岁是儿童生理、心理某些方面发展最迅速,学习知识的兴趣最大,接触事物敏感度最高、掌握也牢固的时期,这是儿童智力发展中最活跃、最快、最好、可塑性最大的时期。例如2~3岁是儿童学习口头语言的最佳年龄。4~5岁是书面语言发展的最佳年龄。不少教育家研究的结果认为学习钢琴最好从5岁开始,学习小提琴要从3岁开始才能理解,学习外语最好从10岁前开始,游泳从10来岁以前练起才能掌握高超的技术等等。这说明各种能力具有一定的发展时期,成人就要在儿童智力发展的最佳年龄期给予适当的、足够的刺激,以充分发展孩子的智力。

家长应在全面发展教育的思想指导下,根据自身的特点爱好和习惯,为孩子创造一个丰富的教育环境,可经常带孩子去公园玩玩,去参观博物馆增加些感性知识,与孩子一起打打球,给孩子欣赏音乐,给他讲讲故事、朗诵诗歌、学画画等,在丰富的环境刺激下及早发现孩子逐渐萌芽的潜在天赋,一旦发现就应抓住不放,并为创造更好、更适合孩子特点的针对性的环境,坚持不懈地加以指导并不断使之提高。如有的孩子家中具备良好音乐环境,孩子从小对音乐表现出特殊的兴趣爱好、节奏感强,能很快吸收有关音乐方面的知识和技能,家长因势利导地给以乐器练习,发现有显著的成效,这时家长可以考虑"定向培养",许多著名的音乐人才、绘画人才、体育人才等都是教师从小"定向培养"而成才的。但是家长应充分分析和了解自己孩子的主客观方面的因素,如像上述那位蓉蓉的父母由于不从实际出发,缺少主客观两方面的积极因素,而硬性"定向培养",则越培养越糟糕,这些教训也应引以为戒。

116. 玩泥乐陶陶

——泥土为幼儿带来的芬芳

客观地说,陶艺源自我国古代,是我国的瑰宝,但是由于一些历史和发展原因,我国的陶艺事业及陶艺教育已经落后世界其他部分国家。近年来,陶艺教育逐渐进入了教育领域,引起了教育界人士的重视,更有部分幼儿园把陶艺教育引入了幼儿教育中,引起了人们的广泛关注。那么,幼儿玩泥、进行陶艺创作对幼儿的发展有些什么样的影响呢?

陶艺用的泥都来自于大自然,并且经过筛选,无毒、无害,柔软而易于成型,另外,泥土作为无固定形状的操作材料,也适合不同层次幼儿,能在对幼儿没有任何伤害的情况下满足他们动手操作的欲望。孩子对泥土情有独钟,他们喜欢"玩泥",也找到了自己的乐趣和天地——发展个性,开发潜能,实现自我,并拓展了他们的视野,提高了他们的审美能力、创造能力、动手操作能力,为丰富他们的想象力、拓展创造性思维开辟了无限的空间。对于幼儿来说,陶艺活动是一种学习更是一种游戏,一种新的尝试和探索活动。这种活动让幼儿根据自己的想象、愿望进行造型。活动中,每个幼儿都能体验到创造的乐趣和成功的喜悦,能有效地解决家长的过分照顾而引起的幼儿动手操作能力弱、依赖性强,缺乏主动性、创造性等问题。

实践过陶艺课程的幼儿园都发现,陶艺给孩子带来了很多好处。首先,带给孩子的快乐是无法衡量的。玩泥巴是孩子的天性,当孩子们通过自由地玩陶土,随意地糊泥、用力敲打泥巴、捏塑泥块等等所获得的快乐,为孩子的童年留下了美好的记忆。其次,陶艺还能提高幼儿的艺术欣赏力,陶艺也是一种艺术,在艺术的创作和分享过程中,孩子的艺术审美得到了发展,培养了孩子的艺术素质。再次,能扩大孩子的视野,增长孩子的知识。由于我国的陶艺有着悠久的历史,孩子们在学习、了解陶艺的过程中,不仅能欣赏到很多先人留下来的作品,还能在玩陶之中逐渐地了解我国的制陶历史以及许多奇妙的制陶方法,从而对陶艺有更进一步的了解。另外,在创造陶艺的过程中,孩子的想象得到了最大的发挥。如果去陶艺课堂看看,可以看到孩子的无穷想象和创造,他们可以用陶泥捏成自己任意想捏的东西。如他们会把陶泥制成《猫和老鼠》中的 Tom 和 Jerry,沉浸在幽默风趣的童话世界里;把陶泥捏

成造型奇特的容器,感受实用与欣赏相结合的造型美;把陶泥制成海底世界,去探索海底水生物的奥秘。

117. 幼儿不宜唱成人歌曲

——为幼儿选择适合的音乐

怎样才能使更多更好的音乐来陶冶幼儿的心灵,使他们的审美感越来越强烈,从而进一步激发想象力和创造力,塑造美的心灵世界,这是家长们要重视的问题。很多孩子在幼儿园整天爱唱歌,回到家里也爱唱。有的照着镜子唱,有的抱着布娃娃唱,有的躺在床上还哗啦啦地唱。父母在业余时间,教孩子唱唱歌,既能促进孩子身心的发展,又能使家庭气氛更和睦、融洽,充满欢乐。

但应教孩子唱哪些歌曲呢?有些家长喜欢把自己爱唱的歌曲教给孩子,特别是哪些音域宽广、乐句悠长、内容和情绪都使他们难以理解感受的,超越他们演唱能力的成人歌曲。孩子的模仿能力很强,尽管他们不懂歌词意思,但仍能跟着成人"鹦鹉学舌"似地唱出来,但由此常常会闹出不少笑话。如有一首歌词中有"女人爱潇洒,男人爱漂亮",孩子唱后都解释为"女人矮笑煞,男人矮漂亮",孩子不理解歌词的内容,这样就起不到教育的作用。其次,成人歌曲的演唱技能技巧超越了孩子的演唱能力,音域过宽,音调、音量均超越幼儿所能担负的能力,孩子涨红了脸,伸长了脖子唱起来十分吃力,这样不仅影响学唱的质量,还可能使孩子正在发育的发声器官过分紧张疲劳,甚至损伤嗓音,造成沙哑。这样的歌唱对孩子生理和心理发展都是不利的,那孩子该选择哪些歌曲唱呢?

儿童由于缺乏知识和经验,他们往往模仿学习,音乐为儿童提供了可以模仿的好材料。一些歌曲的旋律优美朴素,节奏朗朗上口,儿童不需要借助任何外部工具,张嘴就能模仿,这就是一种直接的学习。选择合适的音乐作品是非常重要的,可以从以下几方面来准备:第一,我们应该选择那些有很多模拟小鸭、小鸡、小狗、汽车等的音乐语汇及音响材料,因为周围生活中这些声音都是具体的,可观察可听到的,与幼儿的日常生活密切相关。有了倾听具体实际事物的经验,在以后听比较抽象的音乐作品形式的歌曲时很快就能领悟。因此,培养幼儿对周围生活的各种声音有敏锐

的感觉和辨别能力,能为他们更好地倾听音乐作品打下良好的基础。第二,父母在让孩子听音乐时态度要认真,不能随便讲话,以便使孩子养成安静地听音乐的好习惯。父母可以帮助孩子理解歌曲的意思,更快地掌握歌曲,并鼓励孩子用动作和语言大胆地表达自身的感受,如听完一段非常活泼、明快的歌曲后,可以鼓励孩子做些与歌曲性质相关的动作,如跳舞啊、跑步啊等等。第三,要注重幼儿音乐节奏感的培养。很多幼儿天生有着一种节奏的本能,幼儿可以通过许多途径来感受各种节奏,父母应该尽量多地为孩子提供节奏活动的体验,使他们感受到万事万物的节奏感,感知音乐的魅力,从而更加喜爱音乐,

陶冶情操。

音乐教育是幼儿美的教育中不可或缺的,它可以发展幼儿的想象力、记忆力和思维能力。为孩子选择歌曲,首先要考虑孩子的年龄特点,要根据孩子的知识基础、认识能力以及演唱表达能力等方面的具体情况而定。儿童歌曲的旋律要生动活泼、优美动听、符合孩子的情绪、情感和认识特点,富有趣味性,能使孩子感到有兴趣学。如:

《小猫你别吵》

喵喵,
小猫叫。
小猫小猫你别叫,
阿姨上夜班,
阿姨在睡觉。

《一分钱》

我在马路边,
捡到一分钱,
把它交给警察叔叔手里边,
叔叔拿着钱,笑着把头点,
我高兴地说声叔叔再见。

歌词要通俗易懂,语句要优美形象,朗朗上口,便于幼儿理解接受。

学前儿童心理与教育120问

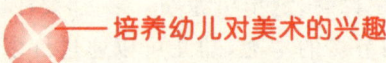

118. 从小爱画画

——培养幼儿对美术的兴趣

生活中,我们有时可以看到有的家长抱怨自己的孩子没有一点艺术细胞,画的图太不像样,于是就规定孩子每天必须画一张图,画得不好不准看电视,不许出去玩,或不给零食吃等等,孩子慑于严威,奉命作画,但进步不大。那是家长没有根据孩子的年龄特点加以指导,没有激发起孩子对美术的兴趣所造成的。

兴趣是最好的老师,如果孩子对画画产生了浓厚的兴趣,他们就会主动去看、去听、去想、去画,只有孩子主动去探索了,他才真正有了想画画的兴趣,从而喜欢上画画。因此,要尊重孩子的创作欲望,不要以成人的想法来强加在孩子身上,要求他们画这个、画那个,当孩子自己的内心想法被大人否定时,他们会非常伤心的。如果这种情况老是出现,那么久而久之,孩子就会厌恶画画的。因此,要注意启发孩子,而不是任意指挥,变要我画为我要画、我爱画,让孩子在学画中不断发展兴趣,同时也提高绘画的技能。

那么,如何激发幼儿对绘画的兴趣呢?

首先,父母对孩子的画画不要要求太高,不要强求孩子,尊重孩子自身发展的规律和特点,遵循孩子的意愿。画得好坏并不重要,重要的是孩子对画画的兴趣和热情。不要因为画面的脏乱而否定孩子,要认真地去看孩子的画,去听听孩子的想法,肯定值得赞许的地方。表扬要有实际内容,不能空谈,若表扬泛泛而谈,孩子会认为父母在敷衍他。因此,父母应给予及时的肯定和赞扬,有理有据,会增强孩子的创作欲望和画画的兴趣。

其次,父母可以给孩子一块大的属于他自己的空间或一些丰富的创作材料,如一块可以让他胡乱涂抹的瓷砖,让他随自己的意愿画,或给他一张尽可能大的纸张,给他胶水、蜡笔等材料。这样可以满足孩子即兴的画画欲望,而不会弄脏家里的地板。

再次,5~6岁的孩子已经会画不少动物,也会画出人的一些动态了,家长可以选择一些角色不多、情节容易表现的故事、诗歌,在讲或念给孩子听以后,引导他们画出故事、诗歌内容,这不仅能使他们感到兴趣,同时又能发展创造精神,使孩子获得创造的乐趣,如:讲《乌龟和兔子赛跑》以后,让孩子自己设想并画出连环的画面(也可以分几次画成),最后,家长帮孩子装订成册,做个封面,并写明是孩子几岁时画的,让他自己保存起来,孩子会非常珍爱他自己画的"书",对绘画的兴趣也会越来越高涨。

180

另外,家长如果能和孩子一起合作画一张画,和他一起发挥创作的潜力,不但能使孩子感到非常高兴,同时又可以丰富画面内容,使孩子感到成功的喜悦。

119. 怎样教幼儿绘画

——幼儿学习绘画的方法

孩子对绘画有了兴趣,不等于就能画好画了,教孩子绘画还应注意以下几个方面:

(1) 培养孩子观察事物的能力。

丰富的生活经验是孩子创作的原材料。要把丰富多彩的生活反映到绘画作品中来,必须有观察的基础。在日常生活中,父母首先要有意识地训练孩子观察事物的能力。比如,吃桃子的时候,父母可引导孩子注意观察桃子不仅外形有红、黄、绿等色彩变化,还有果梗和凹凸的特点。如果孩子喜欢画各种小动物,父母不妨带孩子去动物园参观一下,引导孩子观察:动物园里有哪些动物?它们的形态特征有哪些?如果孩子喜欢画花朵,那父母就可以带孩子出去到大自然中去观察各种各样美丽的花朵。有的孩子在观察后,回到家中就会画出他所看到的动物或花朵。即使画不出也没关系,孩子肯定也会有很多收获的。

(2) 从感受色彩开始。

3岁的孩子就会直线、交叉线、临摹一些简单的图形和一些字母了。那父母不妨与孩子一起玩涂色游戏。要让孩子用手来感受色彩,因为手在光滑的纸或其他表面上画画,可以对孩子的视觉、触觉产生体验。让孩子认识色彩很重要,在平常生活中,也可以教孩子感受色彩,如在过马路的时候,红灯停、绿灯行、黄灯等一等,让孩子充分认识红、绿、黄色。在外出时,可让孩子感受蓝蓝的晴朗的天空,碧绿的树林等等。

(3) 引导幼儿确定画的主题和掌握最简单的构图方法。

3～4岁的孩子绘画时,常常想到什么就画什么,在一张纸上一会儿画糖,一会儿又画汽车,罗列了许多东西,画面上零零碎碎,这是与他们还缺乏把事物组织起来的思维能力有关。针对这一情况,家长可以结合生活,有意引导他们观察某一事物,如去公园时,让孩子看小草绿了,花儿开了,并让他去找不同颜色的花,使他感到公园里的花真多真美,启发他回家后把美丽的花画下来,这样,孩子就会在整张画面上都画满花草,并给花涂上各种颜色,家长应及时鼓励说:"这真像公园的鲜花,这张画真漂亮!"并可将他以前罗列的画面拿出来做比较,使他懂得一张画上画一个内容比东一个、西一个地画许多内容好看,以后他就会逐步懂得如何确立画面主题了。

孩子在构图时,也有一个从无意向有意过渡的过程,家长可引导他想好了再画,并把主要的物体画在画面当中突出的位置,如:画兔子,则先在画面中间画兔子,并尽可能画得大一些,画好后,再在画面空的地方根据自己的意愿画上青菜、萝卜(构成小兔吃萝卜,吃青菜的画面),或画小兔子(构成兔妈妈和小兔的画面),或再画草地、小花、太阳(构成小兔在草地上玩或晒太阳)等画面。这样,不但形象突出,构图也美,如把小兔画在一个角落里,又画得很小,整个画面显得空空的,既不醒目,也不好看。

(4) 鼓励孩子的想象。

鲁迅先生说过:"孩子是可敬佩的,他常常想到星月以上的境界,想到地面以下的情形,想到花卉的用处,想到昆虫的语言;他想飞上天空,他想潜入蚁穴……"幼儿的想象是非常丰富的,他们对生活,对未来世界都充满着幻想,也喜欢在绘画作品中表现他们独特而新奇的想象。因此,家长在指导孩子绘画时,千万不要单纯要他们临摹范画,依样画葫芦,更不要因为孩子发挥了想象而指责他乱画,画得不对等,不然就会挫伤孩子的积极性,抑制他创造的才能。如:有个孩子画猫时,没有照范画涂黄色,而涂的五颜六色,家长可了解一下他的想法,问:"你看见过这种颜色的猫吗?那为什么要替它涂上这么多颜色呢?"孩子会告诉你:"这是一只玩具猫。"或者说:"我想要有这样一只五彩猫。"这是多么可贵的想象力啊!家长不但不应横加指责,还应及时鼓励。再如:有的孩子根据想象画出了结满各种水果的树、用星星串成的彩灯,以及在月亮上面荡秋千,在海底跳舞等等,没有充满童趣的、大胆的想象,就不可能产生这许多优秀的儿童绘画作品来。

在家里,家长应让孩子有更多的自由作画的机会,让他们根据自己的知识经验和丰富的想象,随心所欲地绘画,这不但能增强他们对绘画的兴趣,还能有力地促进想象力和创造力的发展,孩子的绘画作品也就会越来越生动。为了较快地提高孩子的绘画能力,家长必须创造条件,使孩子有更多的机会观摩别人画画的过程。家长能画的,要经常画给孩子看,邻居家有孩子画得好的,也可带他去观察,这样可以使孩子从中学习到一些初步的笔法、用法和构图的技能。

120. 手舞足蹈乐陶陶

——舞蹈在幼儿成长中的重要作用

3岁的玲玲每次听到音乐声,都要手舞足蹈比划一番,有时还能跟得上音乐的节奏,妈妈决定送她到少年宫去学舞蹈,可外婆不同意,认为会伤及孩子稚弱的身体。实际上舞蹈对幼儿的身心健康成长作用很大。

首先,舞蹈有助于幼儿道德教育。

舞蹈是孩子们喜爱的一种娱乐活动,而我国幼儿道德教育又历来采用"寓教于乐"的方式。因此,把道德教育的内容融入舞蹈的形式来进行,是再好不过的选择了。孩子们在排练、表演舞蹈的过程中,能学会认识事物的真、善、美。舞蹈《嬉球》便表现了古代少年司马光砸缸救人的故事。这个舞蹈不仅教育了孩子们要有见义勇为的精神,而且教育孩子们遇事要冷静,要多动脑筋。此外,通过舞蹈排练还能使幼儿从小养成良好的团队精神、吃苦耐劳精神、尊敬师长、小朋友之间互相关心等文明行为。

其次,舞蹈能促进幼儿智力的开发。

幼儿的智力开发在很大程度上取决于创造力的开发。幼儿天生好动,喜欢新鲜、变化的事物。善于幻想和创造,舞蹈是一种表现,创造也是一种表现,两者都是情感的迸发与冲动,都是想象力、心灵体验的展示,是主动性、自信心在不同领域的体现。可以这么说,一个善于用身体表现情感的人,一定具有较强的创造力,而一个有创造力却不会跳舞的人,一旦学会了舞蹈,他的创造力将会被激发到一个更高的水平。由此看来,舞蹈有助于幼儿创造力的发展。

从另一方面看,跳舞对人脑的左右半球的全面开发起着积极作用。目前对孩子的教育主要是通过语言和文字实施的,因此通常是左脑发达而右脑却没有得到充分的发展,而人的创造性思维是全脑活动的结果。因此,人的教育也就应当是全脑的教育。孩子创造力发展的顶峰时期是3~5岁。因此,幼儿期就更应注意对右半球即艺术型脑的开发。越来越多的医学研究证实,舞蹈是一种对右脑开发极为有益的活动,在跳舞过程中,人会尽力使身体动作协调,从而使大脑不断地调整。所以说,舞蹈能促使幼儿的创造潜能得以极大地发挥出来。此外,人的智力因素不仅要看他的创造力因素,还应包括人的知识层面上的深度与广度。幼儿在学习舞蹈时,还会接触到不同国家、不同民族、不同风格的舞蹈,通过学习可以认识这些民族、国家的历史背景及风土人情,于是便增长了知识、开阔了眼界。

其三，舞蹈中蕴含有体育精神。

在促进幼儿身体健康成长方面，舞蹈与体育有着异曲同工的功效，且有过之而无不及。由于舞蹈是人体动作的艺术，而动作离不开手、脚的摆动和关节的活动，这些都是简单的体能训练，其基本作用是活络筋骨、协调四肢，促进新陈代谢。因此，幼儿学习舞蹈很容易达到体育锻炼的效果，并且舞蹈能将体育对身体机能的训练、对动作协调的训练和艺术对人的内在气质训练有机地综合为一体，从这一角度来看，舞蹈可称作是有韵律美感的体育。

其四，舞蹈是幼儿乐于接受的一种美育形式。

舞蹈是一门综合的艺术，它结合了音乐的感受、审美的眼光、感情的表达等。对幼儿来说，学习舞蹈不仅可以锻炼优美的体态、培养美好的情感和高尚情趣，还能开发智力、增长知识，使幼儿变得更加聪明、自信、活泼和健康。